高校土木工程专业卓越工程师教育培养计划系列教材

BIM 基础及施工阶段应用

姜韶华　姚守俨　主编

中国建筑工业出版社

图书在版编目（CIP）数据

BIM 基础及施工阶段应用/姜韶华，姚守俨主编．—北京：中国建筑工业出版社，2016.11

高校土木工程专业卓越工程师教育培养计划系列教材

ISBN 978-7-112-20116-7

Ⅰ.①B…　Ⅱ.①姜…②姚…　Ⅲ.①建筑施工-施工管理-高等学校-教材　Ⅳ.①TU71

中国版本图书馆 CIP 数据核字（2016）第 285496 号

本书是高等学校土木工程专业卓越工程师教育培养计划系列教材之一，书中系统介绍了建筑信息模型的基础知识及其在施工阶段的应用。全书共分 11 章，主要内容包括：BIM 的概念与发展现状，常用的 BIM 平台与软件，BIM 的相关标准，BIM 模型发展程度与成熟度，BIM 的核心技术体系，BIM 在施工管理中的应用——策划阶段，BIM 在施工管理中的应用——生产阶段，BIM 在施工管理中的应用——竣工阶段，BIM 在施工管理中的应用——验算，BIM 在施工管理中的应用——效益，BIM 在施工管理应用中的问题与展望。

本书可作为土木工程专业（含建筑工程、桥梁工程、地下工程、道路与铁道工程四个方向）卓越工程师教育培养计划相关院校本科生教材，以及土木工程、工程管理等相关专业本科生、研究生参考教材；亦可供水利工程、交通工程等有关专业的师生、设计与施工技术人员和感兴趣的读者学习、参考。

责任编辑：李天虹

责任校对：李欣慰　焦　乐

高校土木工程专业卓越工程师教育培养计划系列教材

BIM 基础及施工阶段应用

姜韶华　姚守俨　主编

*

中国建筑工业出版社出版、发行（北京海淀三里河路 9 号）

各地新华书店、建筑书店经销

霸州市顺浩图文科技发展有限公司制版

北京君升印刷有限公司印刷

*

开本：787×1092 毫米　1/16　印张：10½　字数：256 千字

2017 年 12 月第一版　2017 年 12 月第一次印刷

定价：**39.00** 元

ISBN 978-7-112-20116-7

（29599）

高校土木工程专业卓越工程师教育培养计划系列教材
编写委员会

陈兴华　中国建筑第八工程局工程研究院
肖成志　河北工业大学
何建军　中国建筑第八工程局工程研究院
张建涛　大连理工大学
张明媛　大连理工大学
何　政　大连理工大学
李宪国　中国建筑第八工程局工程研究院
吴智敏　大连理工大学
张婷婷　大连理工大学
罗云标　天津大学
武亚军　上海大学
周光毅　中国建筑第八工程局工程研究院
范新海　中国建筑第八工程局工程研究院
郑德凤　辽宁师范大学
武震林　大连理工大学
姚守俨　中国建筑第八工程局工程研究院
姜韶华　大连理工大学
赵　璐　大连理工大学
徐云峰　中国建筑第八工程局工程研究院
郭志鑫　中国建筑第八工程局工程研究院
徐博瀚　大连理工大学
殷福新　大连理工大学
崔　瑶　大连理工大学
韩玉辉　中国建筑第八工程局工程研究院
葛　杰　中国建筑第八工程局工程研究院

前　言

本书作为高等学校土木工程专业卓越工程师教育培养计划系列教材之一，编写时汲取了国内外有关 BIM 基础及施工阶段应用的最新进展，坚持内容体系的科学性、系统性和先进性。该系列教材旨在满足土木工程专业的特色培养，以土木工程专业工程师培养为重点，以土木工程执业的基本资质为导向，借鉴国外优秀工程师培养的先进经验，探索并形成具有"工文交融"特色的卓越工程师培养模式。以"工程教育"为重点，建立"工程"与"管理"、"工程"与"技术"相融通的课程体系，树立"现代工程师"的人才培养观念。通过专业知识的学习，学生们应基础扎实、视野开阔、发展潜力大、创新意识强、工程素养突出、综合素质优秀，掌握土木工程的专门知识和关键技术。

本教材是以国内外 BIM 技术发展为背景，在既突出介绍 BIM 的相关基础知识又紧密结合 BIM 在施工阶段应用的基础上所编写的一本相对全面系统的图书。本教材借鉴了国内外大量的研究成果和施工技术，将理论教学内容与实际工程相结合，以理论为指导，以实践为目的，努力使学生将理论知识转化为施工技术，达到学有所用的目的。同时，本教材作为国内少数介绍"BIM 基础及施工阶段应用"的图书之一，对各建筑单位的基于 BIM 的施工技术也具有指导和借鉴的意义，也将有力推动我国"基于 BIM 技术的施工应用"的研究与发展，从而提高施工信息化水平，提升施工管理能力，增加施工企业效益，促进我国建筑业的整体发展。

由于国内在 BIM 技术支持施工应用方面尚不完善，相对全面的教材在我国也非常缺乏，不能为相关的师生与从业者提供相对权威的依据。因此，本教材致力于从全方位、多角度地阐述 BIM 的基础知识以及 BIM 在施工阶段应用的内容与方法。教材编写组主要成员以我校建设工程学部建设管理系与中建八局工程研究院专家为主，所有成员长期工作在教学科研或工程实践第一线，主讲土木工程及相关专业的基础课程，教学经验丰富。教材编写前积累了多年的教学经验，编写组成员对本教材的编写做了大量的前期工作，收集、研读了国内外相关的教材与文献，力图取其长，用其精。

按照"BIM 基础及施工阶段应用"的教学大纲编写，将研究＋工程技术型教学模式体现在教材中，内容涵盖 BIM 在施工阶段应用的基础知识、最新进展、相关标准、工程案例等内容。紧密结合工程实际，图文并茂，使读者充分认识到该课程在实际工程中的重要地位。同时配备题型丰富、题量适度的思考题，也可供自学者和其他科技工作者阅读。

该教材根据 BIM 基础及施工阶段应用的教学大纲编写而成，内容涵盖了 BIM 的概念与发展现状，常用的 BIM 平台与软件，BIM 的相关标准，BIM 模型发展程度与成熟度，BIM 的核心技术体系，BIM 在施工管理中的应用——策划阶段、生产阶段、竣工阶段、验算、效益，BIM 在施工管理中的问题与展望等。本书具备以下特点：

1. 内容全面，编排合理。本教材从最基础的 BIM 概念出发，涵盖了必要的基础知识。注重理论基础和实例分析，重点突出，结构严谨。具有系统性、一致性和可扩展性。

国内非常缺乏合适的教材，本教材适应了本科生课程的实践化趋势。

2. 结构合理，循序渐进。本教材作为本科生走向工作岗位的首要选择，内容由浅入深，详略得当，可为初学者打下良好基础，为进一步研究 BIM 基础及施工阶段应用提供理论依据。

3. 适应国情，通俗易懂。近些年来，BIM 技术在我国建筑施工中的应用得到了长足的发展，研究更加深入，但另一方面人们意识到 BIM 支持的施工技术的潜力还有待进一步发掘，本书的出版能进一步推动基于 BIM 的施工技术在我国的研究与发展，使该项技术得到进一步提升，逐步实现建筑行业的信息化与工业化。在重要概念的引入时，尽可能做到简明扼要、自然浅显。

4. 主编教师团队从事 BIM 技术的研究、设计与施工多年，在高校与企业研究院任职，有扎实的理论基础与现场实践能力，还有丰富的教学经验。主编教师队伍及团队成员工作认真负责、教学态度严肃端正，具有良好的职业道德和师德风范，能很好地胜任本教材的编写与教学工作。

5. 本教材每章后配备了思考题，题型丰富，题量适度，可供学生自学和相关科技工作者阅读。使读者学有所思、学有所想，避免传统的灌入式教学。

本书由大连理工大学姜韶华、中国建筑第八工程局工程研究院姚守俨主编，中国建筑第八工程局工程研究院周光毅、大连理工大学刘莎副主编，何建军、于洪伟、韩玉辉、孔琳、李宪国、白羽等参加编写。具体分工如下：前言、第 2～5 章由大连理工大学姜韶华编写，第 1 章由大连理工大学姜韶华、刘莎编写，第 6 章由中国建筑第八工程局工程研究院于洪伟、白羽编写，第 7 章由中国建筑第八工程局工程研究院孔琳编写，第 8 章由中国建筑第八工程局工程研究院李宪国编写，第 9 章由中国建筑第八工程局工程研究院韩玉辉编写，第 10 章由中国建筑第八工程局工程研究院何建军编写，第 11 章由大连理工大学姜韶华、中国建筑第八工程局工程研究院于洪伟编写，最后由大连理工大学姜韶华统稿。

本书能够顺利出版与多方面的支持与帮助密不可分。本书能够成稿与作者从事 BIM 领域的研究工作密切相关，而本书作者的研究工作得到了“十三五”国家重点研发计划（2016YFC0702107-02）的资助，在此表示感谢。感谢大连理工大学教育教学改革基金（MS201536、JG2015025）和教材出版基金（JC2016023），以及辽宁省本科教育教学改革基金项目（201650）、住建部土建类高等教育教学改革项目土木工程专业卓越计划专项（2013036）的资助，特别感谢中国建筑工业出版社的领导和责任编辑的大力支持。对于书中所引用文献的众多作者（列出的和未列出的）表示诚挚的谢意！本书采用的 BIM 在施工阶段应用的实例绝大多数来自于所在章节执笔人单位的实际工程项目，在此对所有资料提供者和原创者表示感谢。感谢大连理工大学李忠富教授对本书的编写出版所给予的支持与关注。另外，大连理工大学工程管理专业以及建筑与土木工程专业的研究生武静、周涵、吴峥、郭妍参与了部分章节的材料收集、整理与撰写工作，在此一并表示感谢！

由于编者水平所限，加之编写时间仓促，书中难免有不当之处，敬请读者批评指正。

编　者

目　录

第1章　BIM的概念与发展现状

本章学习要点：

了解对BIM技术的详细解读，掌握BIM的特点，了解BIM在国内外的发展现状，了解BIM在施工企业的应用情况。

1.1　BIM的概念与起源

1.1.1　BIM理念介绍

随着现代社会科技与经济的飞速发展，人们的生活水平在不断提高，对建筑的需求也在不断提升。建筑的功能不仅仅停留在遮风避雨和保暖御寒这样基本的层面，而是要为人们提供舒适健康的工作、生活、社交娱乐等活动的空间。随着建筑在外形、结构和材料等方面的复杂程度逐渐增加，以及施工技术的不断创新，建筑工程项目所需要的信息量也越来越大。如何准确、高效地收集、处理和运用这些信息成为当今建筑工程项目成功的重要因素。BIM（Building Information Modeling，建筑信息模型）作为一项全新的理念和技术，为解决建筑工程中处理复杂信息和庞大数据的难题提供了手段，为建筑业的发展开拓了一条全新的思路，成为当前国内外学者和建筑业界人士关注的焦点。

BIM重视信息呈现与信息价值，将三维信息模型作为主要载体，整合各个阶段各种深度以及各类专业（建筑、结构、MEP、施工等）相关建设信息，以实现优化建造流程，辅助建造协同，解决建设行业低效率问题。除此之外，BIM还能够有效改善项目相关决策的质量与速度，管理供应链，提高数据准确性以减少数据重新输入所需时间，减少设计和施工冲突及其所导致的重复工作，提高建筑的全生命期管理等。因此，BIM引发了建筑行业的重要转变，对提高建设行业生产力有着至关重要的作用。

BIM的概念是伴随多维度信息建模技术的研究在建设领域的应用和发展而产生的。BIM的概念最早起源于20世纪70年代，由美国佐治亚理工大学建筑与计算机学院的查克·伊斯特曼博士（Dr. Chuck Eastman）提出并给出定义："建筑信息模型综合了所有的几何性信息、功能要求和构件性能，将一个建筑项目整个生命期内的所有信息整合到一个单独的建筑模型当中，并包括施工进度、建造过程、维护管理等的过程信息。"这一理念在提出之后，逐渐得到了全世界建筑行业的接纳和重视。国内外很多学者和研究机构等都对BIM的概念进行过定义。目前，相对比较完整的定义是由美国国家BIM标准（National Building Information Modeling Standard，NBIMS）提出的："BIM是设施（建设项目）物理和功能特性的数字表达；BIM是一个共享的知识资源，是一个分享有关这个设施的信息，为该设施从概念到拆除的全生命期中的所有决策提供可靠依据的过程；在项目不同阶段，不同利益相关方通过在BIM中插入、提取、更新和修改信息，以支持和反映各自职责的协同作业。”

国际协同联盟（International Alliance for Interoperability，IAI）在20世纪90年代提出了IFC（Industry Foundation Classes，工业基础类）标准。作为针对三维建筑产品的面向对象数据标准，IFC标准的公布成为BIM发展历程上极其重要的一环。值得注意的是由于IFC标准的使用才使得不同BIM系统和软件之间可以进行更便捷的数据交换，成为BIM得以快速发展的一个很关键的因素。目前IFC标准已经被国际标准化组织（ISO）登记为ISO/IS 16739，成为正式的国际标准。

综合了国内外各种对BIM的定义，将BIM技术详解如下：

(1) BIM不仅仅提供了多维的建筑模型，更是一个过程。BIM技术可以为工程项目提供3D建筑模型，从外观到室内，从结构到装饰，建筑的每一个细节都能够直观地展示在人们面前。但是，BIM所提供的建筑模型与传统的3D模型有着本质上的区别。BIM提供的建筑模型包含了建筑的物理性质和功能特性。在设计阶段，建筑模型囊括了建筑的结构选型、材料特性、管道排列和造价等详细信息；在施工阶段，建筑模型能够随着施工进度实时更新，及时展示施工现场的材料堆放、人员安排、机械布局等情况；在建筑投入使用后，建筑模型的信息可以更新，及时提供建筑的设备维护、安全监控等方面的有效数据。因此，通过BIM可以对建筑从设计、施工到运营，乃至回收提供全生命期的过程管理。

(2) BIM提供一个实时更新的资源共享平台。BIM为建筑工程项目提供了庞大的数据库。该数据库存储了工程项目所有的相关信息。在建筑的整个生命期内，建筑的设计、施工、管理等各方人员都可以随时补充、更新和调取工程项目的相关数据。这样不但减少了工程项目各方人员相互沟通的时间，而且降低了数据在各方之间传递时产生错误的概率；数据库的信息随工程项目的开展而实时更新，更便于人们对项目的监控，确保建筑工程项目顺利进行。

(3) BIM的应用范围广阔。虽然被称为“建筑信息模型”，但是BIM的应用范围不局限于建筑，而是涵盖了各种土木工程项目。美国国家BIM标准规定的BIM的适用范围包括了三种设施或建造项目：

1）建筑物，如一般办公楼房、民用楼房等；

2）构筑物，如厂房、水电站、大坝等；

3）线性结构设施，如道路、桥梁、隧道、管线等。

BIM所有功能都是通过软件来实现的。事实上，BIM的功能通常不是一个软件能实现的，而是依靠多种类别的软件来实现的，并且每一类软件包含很多产品。因此，BIM是通过众多软件协同工作来实现其作用的，其中最基本的是BIM核心建模软件。当前市场上主要有四家公司提供该类型软件，分别为Autodesk公司的Revit建筑、结构和机电系列，Bentley公司的Bentley建筑、结构和设备系列，Nemetschek Graphisoft公司的ArchiCAD等，以及Dassault公司的CATIA和Digital Project。其他功能软件，包括方案设计、与BIM接口的几何造型、可持续分析、结构分析、机电分析、可视化、模型检查、深化设计、模型综合碰撞检查、造价管理、运营管理、发布和审核软件，都是基于核心建模软件来发挥各自的作用。

1.1.2 BIM 的特点

总体而言，BIM 具有如下几个特点：

(1) 可视化。可视化是 BIM 最基本的特性。运用 BIM 技术的前提便是在其核心建模软件中建立工程项目的三维立体图形，并将各细部的属性附加在此图形之上。传统的建筑图都是二维平面图形，技术人员需要在读取二维图形之后在脑海中想象其实际形象。这种方式的弊端在于：面对复杂结构的时候，人脑的想象经常容易出错，当复杂部位较多时，其中的错误很容易被忽略，导致项目的返工甚至失败。然而 BIM 可以将工程的立体图像直观地展示出来，并显示其附加属性，更能够通过软件快速搜索模型中的逻辑错误，实现建筑模型的所见即所得，大大提高工程项目的效率和成功率。

(2) 协调性。工程项目管理的重要工作之一便是协调。建筑生命期内各个阶段的顺利开展都离不开协调。在设计阶段，各专业设计师之间需要不断地沟通来调整设计中的碰撞与冲突；施工阶段，由于技术、自然和人为等原因引发的施工问题经常发生，此时便需要组织相关人员开会讨论，商量解决办法，提出变更方案。这种传统方式的弊端在于只能在问题发生以后进行调整，并且召集相关人员费时费力，往往降低生产效率，增加项目成本。通过 BIM，技术相关的问题便可以在出图阶段被发现，在施工前得到修正；对于施工过程中产生的突发状况，相关人员可以在第一时间通过 BIM 系统了解相关信息，获取所需数据，沟通协商解决办法，大大提高反应速率。

(3) 模拟性。BIM 不但可以模拟建筑物的模型，而且可以预先模拟在真实环境中将会发生的事物。例如，在建筑设计阶段可以利用 BIM 进行日照模拟、热能传导模拟、节能模拟等；在招投标乃至施工阶段可以进行施工模拟和造价控制；在建筑运营阶段进行建筑发生紧急情况时的应对方案模拟；在建筑寿命期结束阶段可进行拆除施工模拟。

(4) 优化性。建筑工程项目从设计到施工乃至运营是一个不断优化的过程，每一个建筑物都可以说是优化的结果。但是，优化的程度与建筑工程的信息量、复杂程度等因素有直接关系。随着现今建筑物的复杂程度越来越高，附加在建筑物上的信息量也迅速膨胀，而建筑工程所需要的时间却呈现缩减的趋势。在这种情况下，单凭各参与方人员人工进行优化已经不能满足工程项目的需求，必须借助科学的技术和工具。采用 BIM 所提供的工程信息配合与其配套的优化工具，便可以通过计算机进行快速、精准的优化作业，提高项目的优化程度；亦能够提供多种优化方案供项目管理者斟酌，从中选择最能满足业主需求的优化方案。

(5) 可出图性。在经过了上述可视化展示、协调、模拟、优化的一系列工作以后，BIM 可以为业主出综合管线图、综合结构预留洞口图（预埋套管图）、碰撞检查报告和建议改进方案。

1.2 BIM 在国内外的发展现状

1.2.1 BIM 在国外的发展状况

BIM 的概念最初是在美国被提出并逐渐发展起来的；后来又被欧洲、日韩等发达国家与地区所接受和拓展。目前，BIM 技术在上述国家和地区的发展和应用都达到了一定的水平。

美国是最早开始研究 BIM 的国家之一，对 BIM 的研究与应用皆走在世界前列。美国的众多建筑相关企业，如建筑设计事务所、施工企业、房地产开发公司等都主动选择采用 BIM 技术。统计数据表明，2009 年内美国建筑业 300 强企业中 80%以上都运用了 BIM 技术。McGraw Hill 的调研显示，2007 年美国工程建设行业采用 BIM 的比例为 28%，到 2009 年升至 49%，而到了 2012 年更是高达 71%，可见 BIM 在美国的应用之广泛。目前，在美国存在着各种 BIM 协会，同时国家也适应环境变化出台了各种 BIM 标准。美国总务管理局（General Services Administration，GSA）在 2003 年推出了全国 3D-4D-BIM 计划（3D 表示三维，4D 表示 3D 加时间），目标是为所有对 3D-4D-BIM 技术感兴趣的团队提供"一站式"服务，根据项目各自的功能和特点，为他们提供独特的战略建议和技术支持。从 2007 年开始，GSA 发布了系列 BIM 指南，为 BIM 在实际工程项目中的应用进行规范和指导。2006 年，美国联邦机构美国陆军工程兵团（the U. S. Army Corps of Engineers，USACE）制定并发布了一份 15 年的 BIM 路线图。美国建筑科学研究院（National Institute of Building Science，NIBS）于 2007 年发布了美国国家 BIM 标准（National Building Information Modeling Standard，NBIMS）第一版。同年，NIBS 在信息资源和技术领域的一个专业委员会——BuildingSMART 联盟（buildingSMART alliance，bSa）成立，专门致力于 BIM 的推广与研究。NBIMS 已经于 2015 年更新至第三版。

英国应用 BIM 的时间虽比美国稍晚，但是目前全球 BIM 应用增长最快的地区之一。2011 年英国政府发布的"政府建设战略"中明确要求：到 2016 年，企业实现 3D-BIM 的全面协同，并将全部的文件进行信息化管理。通过 BIM 技术将项目的设计、施工和运营阶段相融合，从而实现更佳的资产性能表现。由于缺乏统一的系统、标准和协议，政府将工作重点放在制定标准上。英国建筑业 BIM 标准委员会（AEC（UK）BIM Standard Committee）于 2011 年分别发布了适用于 Revit 和 Bentley 的英国建筑业 BIM 标准。

在日本，自 2009 年起有大量的设计公司、施工企业开始应用 BIM 技术。2012 年日本建筑学会发布了日本 BIM 指南，在 BIM 的团队建设、数据处理、设计流程等方面为设计院和施工企业应用 BIM 提供指导。如今 BIM 的应用已经扩展到了全国范围，由政府实施推进工作。

新加坡建筑管理署（Building and Construction Authority，BCA）于 2011 年发布了新加坡 BIM 发展路线规划，制定了一系列策略用于推动整个建筑业在 2015 年前广泛使用 BIM 技术。2010 年 BCA 成立了一个 600 万新币的 BIM 基金项目，用于补贴企业或者项目应用 BIM 技术所进行的培训、软件、硬件及人工成本，并为企业提供 BCA 学院组织的 BIM 建模和管理技能课程。为了减少从 CAD 到 BIM 的转化难度，BCA 分别于 2010 年和 2011 年发布了建筑和结构、机电的 BIM 交付模板。另外，新加坡政府部门带头在所有新建项目中明确使用 BIM。BCA 强制要求自 2013 年起工程项目需提交建筑 BIM 模型，2014 年起需提交结构与机电 BIM 模型，并于 2015 年之前实现所有建筑面积大于 $5000m^2$ 的项目都必须提交 BIM 模型。

除上述国家外，北欧和韩国等也都积极发展 BIM 技术，政府和企业都积极使用 BIM，并取得了一定的成效。

1.2.2 BIM在国内的发展状况

BIM在国内的起步时间与欧美等国家相比较晚。调查表明，目前国内大部分的业内同行都表示“听说过BIM”。然而，由于对BIM的了解并未深入，因此很多人都误认为BIM仅仅是一个软件。而建筑业现今仍旧以传统的建造模式为主流，使用BIM的建设工程项目数量较少，而且对BIM的应用也仅限于设计和施工阶段，没有贯彻到建筑的全生命期。随着BIM技术的应用在欧美等发达国家的逐渐扩展和深入，其优势已经逐渐展现。我国政府也意识到了BIM将为建筑业发展所带来的巨大影响，开始在国内推行BIM技术。自BIM进入“十一五”国家科技支撑计划重点项目开始，部分高校和科研机构便开始研究BIM技术及其应用。住房城乡建设部发布的《2011—2015年建筑业信息化发展纲要》中提出，“十二五”期间，基本实现建筑企业信息系统的普及应用，加快BIM、基于网络的协同工作等新技术在工程中的应用，推动信息化标准建设。在国家规划的引导下，部分省、市政府也开始出台政策促进BIM在建筑工程中的应用。2015年上海市发布了《上海市推进建筑信息模型技术应用三年行动计划（2015－2017)》，规定在三年内分阶段、分步骤推进BIM技术应用，建立符合上海市实际的BIM技术应用配套政策、标准规范和应用环境，构建基于BIM技术的政府监管模式，到2017年在一定规模的工程建设中全面应用BIM技术。目前，国内对BIM技术的研究与应用处于初始阶段，要实现BIM技术深入到我国建筑行业并真正贯彻到实际项目当中的目标，则仍然有一段很长的路要走。

总体来看，国内建筑、铁路、公路、水运等领域都已逐步开展BIM技术的研发与应用。其中，建筑行业走在了BIM技术推广应用的前列，部分重大工程中已经开始实施BIM技术，并且已经发布或正在编制多部面向BIM技术的国家标准、行业标准和地方标准。中国建筑股份有限公司、中国交通建设集团有限公司都将BIM技术作为发展的重点。中国铁路总公司也在2013年底成立了中国铁路BIM联盟，号召全行业推广应用BIM技术。BIM技术的研发与应用在我国有着广阔的发展空间。

1.3 BIM在施工企业的应用情况

1.3.1 施工企业应用BIM的价值

自“十一五”开始我国推行BIM技术在建筑业的应用，施工企业开始逐渐重视BIM技术并带来了显著的价值。

首先，增强企业技术实力以提高项目中标率。在招标投标阶段利用BIM技术可以更好地展示投标书的内容，提高评标分数，增加中标率。技术标中利用BIM技术可以优化施工方案。基于BIM的虚拟建造及漫游功能的展示可以带来可视化、直观性、互动性方面的提升，能更立体地展现技术方案及实力。在能获得项目设计BIM模型的前提下，使用BIM技术5D软件，可以通过直接导入设计BIM模型，省去理解图纸及在计算机软件中建立计算工程量模型的工作，对工程量计算和计价工作效率的提升效果是显而易见的。商务标中利用BIM技术可以更精确更快捷地制定投标价。更好的技术方案和更精准的报价无疑可以提升企业的中标率。

其次，提升企业管控能力以增加项目利润。BIM 技术在施工阶段能够模拟施工场地布置和施工过程，辅助进行场地规划、施工进度安排；通过对建筑设计进行 3D 漫游模拟，检查建筑设计中的碰撞等错误。这些功能可以帮助施工企业尽可能减少施工过程中的碰撞、返工等，降低生产成本，提高生产效率，保证工程顺利按时完工。

再次，提高施工企业总承包能力。由于 BIM 技术可以涵盖建筑工程项目的整个生命期，因此能够帮助施工企业提高总承包能力，同时 BIM 数据库可以储存和更新已投入运营的工程项目的相关数据，为施工企业总结经验提供参考依据，从而增强企业在市场上的竞争力。

最后，提高企业绿色施工能力。BIM 技术凭借自身的模拟性、优化性的特点，可以为施工企业进行资源优化配置，大大降低施工过程对环境的影响，提高了工程项目的可持续性，也符合绿色施工、绿色建筑的理念。在 BIM 技术的辅助下，施工企业能够实现降本增效、绿色环保的目标，保证企业始终在市场上处于领先地位。

1.3.2 BIM 技术在国内建设项目中的应用

虽然目前 BIM 技术的应用在我国仍处于起步阶段，但在很多工程项目上已经得到了应用，已经有不少 BIM 应用的成功案例。下面介绍 BIM 在一些重大建设工程项目上的应用案例。

1. 上海中心大厦

位于上海小陆家嘴核心区的上海中心大厦主体建筑结构高 580m，总高度 632m，建筑主体为 118 层，总建筑面积 57.4 万 m^2，被称为中国第一高楼。该建筑造型为旋转的形式，看似简单，实际结构复杂。该项目的 BIM 应用覆盖了建模、检测、计算、模拟、数据集成等一系列工作。在施工阶段，从幕墙到机电再到结构都应用了 BIM 技术，尤其是结构部分。受旋转外形的影响，选择合适的结构相当困难。工程师通过 BIM 平台对建筑的造型、受力情况等进行模拟和计算，理解复杂几何形态的变化，最终选定了矩形柱、环形桁架、外伸臂和核心筒体系。安装工程同样采用 BIM 辅助完成。通过模拟建筑造型以及安装过程，使每个安装细节在实施之前便已经确定无误，然后由施工人员按照模拟过程进行实际操作，预先解决了施工时将会面临的问题，保证安装工程圆满完成。该项目从 2008 年开始全面规划和实施 BIM 技术，2016 年 3 月完工，是应用 BIM 进行全生命期管理的成功案例。

2. 上海世博会国家电网企业馆

世博会国家电网馆占地面积 4000m^2，负责整个世博浦西园区的电量供应，可谓是一个巨大的变电站。该项目从全生命期的角度，充分考虑了项目的成本和效益，结合当地环境和建筑用途通过 BIM 对建筑进行性能分析，以达到节能环保的目的。在施工阶段，通过将 BIM 模型与进度计划相结合，实现 4D 管理，项目管理者可以清晰地了解施工进度、重要时间节点和工序，以及施工过程中的重点和难点，从而进行合理调配与监管；又与工程造价相结合实现了 5D 应用，从而尽最大可能实现资源优化配置，提高生产率，降低成本。

3. 北京市市政服务中心

北京市市政服务中心总建筑面积为 20.6 万 m^2，为框架-剪力墙结构。该项目为行政办公楼，对项目的施工质量要求较高。施工方为了保证项目的合理施工，采用 BIM 技术进行 4D 施工进度模拟、数字化建造、施工配合和管线综合碰撞检测等，既保证项目的高质量，又确保项目的顺利按时交付使用。

除了以上案例，还有徐州的奥体中心体育场、天津港国际邮轮码头等项目，施工过程中都成功应用了 BIM 技术，保证了项目高质高效完成。这些成功的案例为我国施工企业运用 BIM 技术起到了示范和引导作用，同时也为将来我国建筑业普及 BIM 应用提供了宝贵的经验。

思考题：

1. BIM 技术的详细解读包括哪几个方面？
2. BIM 的特点包括哪几个方面？

参 考 文 献

[1] 李恒，郭红领，黄霆等 .BIM 在建设项目中应用模式研究 [J]. 工程管理学报，2010 (05)：525-529.

[2] Council N R. Advancing the Competitiveness and Efficiency of the US Construction Industry [M]. Washington，DC：National Academy of Sciences，2009.

[3] Becerik-Gerber，K Kensek. Building Information Modeling in Architecture，Engineering and Construction：Emerging Research Directions and Trends [J]. Journal of Professional Issues in Engineering Education and Practice，2010，136 (3)：139-147.

[4] 李兆堃 . BIM 在建筑可持续设计中的应用 [J]. 苏州科技学院学报 (自然科学版). 2012.29 (2)：68-71.

[5] 王珺 . BIM 理念及 BIM 软件在建设项目中的应用研究 [D] . 成都：西南交通大学 . 2011.3-7.

[6] 何关培 . 那个叫 BIM 的东西究竟是什么 [M]. 北京：中国建筑工业出版社 . 2011.

[7] 何关培，王轶群，应宇垦 . BIM 总论 [M]. 北京：中国建筑工业出版社 . 2011.

[8] 程建华，王辉 . 项目管理中 BIM 技术的应用与推广 [J]. 施工技术 . 2012.41 (371)：18-21.

[9] 陆鑫 . 我国建筑施工企业 BIM 技术现状与发展瓶颈 [J]. 工程建设标准化 . 2015.10：20.

[10] 刘占省，赵明，徐瑞龙 . BIM 技术在我国的研发及工程应用 [J]. 建筑技术 . 2013.44 (10)：893-897.

[11] 姜韶华，李倩 . 基于 BIM 的建设项目文档管理系统设计 [J]. 工程管理学报，2012 (01)：59-63.

[12] Sun Chengshuang，Jiang Shaohua，Skibniewski，Miroslaw J，Man Qingpeng，Shen Liyin. A literature review of the factors limiting the application of BIM in the construction industry. Technological and Economic Development of Economy，2017，23 (5)：764-779.

[13] Chuck Eastman，Paul Teicholz，Rafael Sacks，Kathleen Liston. BIM Handbook：A Guide to Building Information Modeling for Owners，Managers，Designers，Engineers，and Contractors (Second Edition) [M]. John Wiley & Sons，Inc. 2011.

[14] International Alliance for Interoperability (IAI). http：//www. iai-international. org/.

第2章 常用的BIM平台与软件

本章学习要点：

掌握Autodesk公司的Revit Architecture、Revit MEP、Revit Structure各自是针对哪方面的解决方案，掌握奔特力（Bentley）公司提供的两个基础平台及其各自的核心功能，了解鲁班集团、广联达公司各自的BIM产品，了解RIB、天宝公司的主要BIM产品，了解Autodesk Vault的主要功能，了解Bentley公司的ProjectWise系统主要包括的核心功能。

2.1 Autodesk公司的BIM平台与Revit系列软件

2.1.1 Autodesk公司简介

欧特克（Autodesk）有限公司是全球最大的二维和三维设计、工程与娱乐软件公司，为制造业、工程建设行业、基础设施业以及传媒娱乐业提供卓越的数字化设计、工程与娱乐软件服务和解决方案。自1982年AutoCAD正式推向市场，欧特克已研发出多种设计、工程和娱乐软件解决方案，帮助用户在设计转化为成品前体验自己的创意。《财富》排行榜名列前1000位的公司普遍借助欧特克的软件解决方案进行设计、可视化和仿真分析，并对产品和项目在真实世界中的性能表现进行仿真分析，从而提高生产效率，有效地简化项目并实现利润最大化，把创意转变为竞争优势。

欧特克有限公司总部位于美国加利福尼亚州圣拉斐尔市，全球拥有16家研发中心，超过3000名研发人员。其中，位于中国上海的欧特克中国研究院是欧特克全球最大的研发机构，拥有超过1500名研发人员。欧特克每年的研发投入基本维持在全球总收入的20%的比例。对研发的巨大投入和不懈追求赋予了欧特克强大的创新能力，并通过卓越的思想、技术和解决方案将这种能力带给用户。

欧特克公司的Revit建筑、结构和机电系列，在我国民用建筑市场借助AutoCAD的天然优势，以及强大的族功能、上手容易、成本较低等优势深受设计单位和施工企业青睐。Revit平台是Autodesk专门面向建筑信息模型开发的解决方案。基于Revit平台的Revit Architecture、Revit MEP、Revit Structure等应用软件是面向特定领域的建筑设计和文档编制系统，能够为设计和建筑文档编制流程中的所有阶段提供全面支持，从概念研究直至最详细的建筑工程图和明细表。

2.1.2 Autodesk Vault

Autodesk Vault是一个与Autodesk Inventor Professional、AutoCAD Mechanical和AutoCAD Electrical集成的简便易用的数据管理工具。它能帮助设计团队跟踪进展中的工

作，在多用户环境中保持版本控制。而且，它能通过整合产品信息和减少从头重新创建设计的需求，帮助设计团队组织和重用设计。用户可以存储和搜索CAD数据（如Autodesk Inventor、DWG和DWF文件）及非CAD文档（如Microsoft Word和Excel文件）。Autodesk Vault能够帮助企业最大限度地增加其工程投资的回报和准时交付产品。Autodesk可以解决客户最关心的三个问题：

（1）集中存贮及用户管理以解决安全问题；

（2）版本追踪从而让设计流程更加可控；

（3）数据浏览。

Autodesk Vault提供与目前使用的设计软件集成的简便易用的进展中的设计数据管理。运用内置的Autodesk Vault安全地管理进展中的设计修改。Autodesk Vault十分容易学习和展开，它能协调工作组之间的文件共享，控制版本，并且与所有Autodesk制造业设计产品紧密集成。借助Autodesk Inventor和Autodesk Mechanical，可以将文件发布为二维或三维DWF，安全地与需要它的任何人员共享这些模型。而且，通过运用Vault、DWF文件可以自动发布，从而确保最新的设计信息得到安全保护。DWF文件十分安全，它们包含口令保护和加密，并且实质上具有与物理图纸相同的安全性。

Autodesk Vault能够管理所有工程文件，而不管是什么文件类型。可以使用它来管理Autodesk Inventor、AutoCAD、FEA、CAM、Microsoft Word、Microsoft Excel或者设计过程中使用的任何其他文件（包括来自其他CAD系统的文件），组织所有文件并将它们保存在一个位置以方便获取。所有文件版本都得到了保留，因此永远不会放错或覆盖过去的版本。Autodesk Vault连同所有文件依赖性一起存储了文件的每个版本，提供了项目的逼真历史。Autodesk Vault还存储了诸如用户名、日期和注释等的特性，可实现快速搜索和检索。

2.1.3 Revit产品的核心特性

Revit的Architecture、MEP以及Structure软件产品为建筑师、暖通、电气和给排水（MEP）工程师、结构工程师提供了强有力的工具。这些产品具有如下六大核心特性。

1. 参数化构件

参数化构件（亦称族）是在Revit中设计使用的所有建筑构件的基础。它们提供了一个开放的图形式系统，让使用者能够自由地构思设计、创建外形，并以逐步细化的方式来表达设计意图。可以使用参数化构件创建最复杂的组件（例如细木家具和设备）以及最基础的建筑构件（例如墙和柱）。最重要的是，无需任何编程语言或代码。

2. Citrix兼容和64位支持

Revit现在支持Citrix® XenApp™ 6，因此可以通过本地服务器以更高的灵活性和更多的选项进行远程工作。Revit还提供64位支持，可以帮助提升内存密集型任务（如渲染、打印、模型升级、文件导入导出）的性能与稳定性。

3. 双向关联

任何一处变更，所有相关内容随之自动变更。在Revit中，所有模型信息都存储在一个位置。因此，任何信息的变更可以有效地传播到整个Revit模型中。

4. Revit Server

Revit Server 能够帮助不同地点的项目团队通过广域网（WAN）更加轻松地协作处理共享的 Revit 模型。此 Revit 特性可帮助用户在从当地服务器访问的单个服务器上维护统一的中央 Revit 模型集。内置的冗余性可在 WAN 连接丢失时提供保护。

5. 工作共享

工作共享特性可使整个项目团队获得参数化建筑建模环境的强大性能。许多用户都可以共享同一智能建筑信息模型，并将他们的工作保存到一个中央文件中。

6. Vault 集成

Autodesk Vault Collaboration AEC 软件与 Revit 配合使用。这种集成可帮助简化与建筑、工程和跨行业项目关联的数据管理：从规划到设计和建筑。它可以帮助节省时间和提高数据精确度。现在，用户甚至不知道自己在进行数据管理，从而可以将焦点放在项目上，而不是数据上。

2.1.4 Revit Architecture

1. 产品介绍

Revit Architecture 建筑设计软件能够按照建筑师和设计师的思维模式工作。在设计过程中，Revit Architecture 软件可自动创建准确的楼层平面图、立面图、剖面图、三维视图和明细表，并根据规范计算面积和材料用量。借助三维视图和完全渲染的场景，瞬间实现创意。利用该平台在设计时期做出的变更，能确保平面图、明细表和施工图充分协调。

2. 核心功能

（1）新的概念设计工具：可自由绘制草图，轻松创建自由形状模型。可将形状和几何图形定义为真实的建筑组件。Revit Architecture 能够围绕各种形状自动构建参数化框架，提高控制力。

（2）简化的用户界面：可以提供优化的桌面布局结构和更大的绘图窗口，支持用户快速访问工具和命令，可以更快地找到最常用和较少使用的工具，并轻松寻找到相关新功能。

（3）明细表：明细表是 Revit Architecture 中设计的另外一种视图。明细表的功能包括关联式分割及通过明细表视图、公式和过滤功能选择设计元素。

（4）参数化构件：参数化构件是 Revit Architecture 中设计所有建筑构件的基础。它们提供了一个开放的图形式系统，能够自由地构思设计、创建外形，并以逐步细化的方式来表达设计意图。可以使用参数化构件创建最复杂的组件以及最基础的建筑构件，而无需任何编程语言或代码。

（5）设计方案：同时开发研究多个并存的设计方案，可以轻松地向顾客展示多套方案。每个备选方案都可以放入模型中进行可视化、工程量计算以及其他数据的分析，为制定关键设计决策提供支持。

（6）详图设计：附带丰富的详图库和详图设计工具。详图库经过预先处理，可以根据用户的标准进行创建、共享和定制。

（7）材料算量：利用材料算量工具来计算详细的材料需求量，非常适合用于计算可持续设计项目中的材料数量和估算成本，并且可以简化材料数量统计追踪流程。参数化变更引擎能够确保材料需求信息的及时更新。

（8）Revit Building Maker：可将概念形状无缝转化为功能设计，并选择面来生成墙、屋顶、楼层和幕墙系统，可以使用相关工具提取重要建筑信息，可以将来自 AutoCAD 等应用软件的概念性体量转化为 Autodesk Revit Architecture 中的体量对象，然后进行方案设计。

目前已经更新到 Revit Architecture 2016。在功能区上与旧版本有些不同之处："启用能量模型"工具已重命名为"创建能量模型"。使用此工具可创建能量分析模型，并将其显示在 Revit 的关联环境中。不再需要将能量模型导出为 gbXML 或导出到 Autodesk Design Review 中查看。如果存在能量模型，此工具将变为"删除能量模型"。选择分析模式（包括建筑图元），然后显示能量模型，Revit 会创建三个视图：三维能量模型（三维视图）、分析空间（明细表）以及分析曲面（明细表）。使用这些视图以检查分析模型并进行调整，然后再运行能量模拟。在"结果和比较"窗口中，"能源成本范围"面板提供了新的分析工具。使用此面板可以了解分析的建筑模型当前的能源成本，以及了解对标识变量的更改如何可以减少总体成本。

2.1.5 Revit MEP

1. 产品介绍

Revit MEP 软件是面向机电管道（MEP）工程师的建筑信息模型解决方案，具有专门用于建筑系统设计和分析的工具。借助 Revit MEP，工程师在设计的早期阶段就能做出明智的决策，因为可以在建筑施工前精确可视化建筑系统。软件内置的分析功能可帮助用户创建具有更好持续性的设计内容并通过多种合作伙伴应用共享这些内容，从而优化建筑效能和效率。使用建筑信息模型有利于保持设计数据协调统一，最大限度减少错误，并能增强工程师团队与建筑师团队之间的协作性。

作为一款三维参数化水暖电设计软件，Revit MEP 强大的可视化功能以及所有视图与视图、视图与构件、构件与明细表、构件与构件之间相互关联，使得设计师能够更好地推敲空间和发现设计的不足与错误，并且可以在任何时候、任何地方对设计进行任意的修改，真正实现了"一处修改、处处更新"，从而极大地提高了设计质量和设计效率。Revit MEP 的暖通、管道以及电气功能提供了针对管网及布线的三维建模功能，即使是初次使用的用户也能借助直观的布局设计工具轻松、高效地创建三维模型。

2. 核心功能

（1）建筑系统建模和布局：Revit MEP 软件中的建模和布局工具支持工程师更加轻松地创建精确的机电管道系统。自动布线解决方案可让用户建立管网、管道和给排水系统的模型，或手动布置照明与电力系统。Revit MEP 软件的参数变更技术意味着对机电管道模型的任何变更都会自动应用到整个模型中。保持单一、一致的建筑模型有助于协调绘图，进而减少错误。

（2）分析建筑性能，实现可持续设计：Revit MEP 可生成包含丰富信息的建筑信息模型，呈现实时、逼真的设计场景，帮助用户在设计过程中及早做出更为明智的决定。借助内置的集成分析工具，项目团队成员可更好地满足可持续发展的目标和措施，进行能耗分析、评估系统负载，并生成采暖和冷却负载报告。Revit MEP 还支持导出为绿色建筑扩展标记语言（gbXML）文件，以便应用于 Autodesk Ecotect Analysis 软件和 Autodesk Green Building Studio 基于网络的服务，或第三方可持续设计和分析应用。

（3）风道及管道系统建模：直观的布局设计工具可轻松修改模型。Revit MEP 自动更新模型视图和明细表，确保文档和项目保持一致。工程师可创建具有机械功能的 HVAC 系统，并为通风管网和管道布设提供三维建模，可通过拖动屏幕上任何视图中的设计元素来修改模型，还可在剖面图和正视图中完成建模过程。在任何位置做出修改时，所有的模型视图及图纸都能自动协调变更，因此能够提供更为准确一致的设计及文档。

（4）风道及管道尺寸确定/压力计算：借助 Autodesk Revit MEP 软件中内置的计算器，工程设计人员可根据工业标准和规范［包括美国采暖、制冷和空调工程师协会（ASHRAE）提供的管件损失数据库］进行尺寸确定和压力损失计算。系统定尺寸工具可即时更新风道及管道构件的尺寸和设计参数，无需交换文件或第三方应用软件。

（5）HVAC 和电力系统设计：借助房间着色平面图可直观地沟通设计意图。通过色彩方案，团队成员无需再花时间解读复杂的电子表格，也无需用彩笔在打印设计图上标画。对着色平面图进行的所有修改将自动更新到整个模型中。创建任意数量的示意图，并在项目生命期内保持良好的一致性。管网和管道的三维模型可让用户创建 HVAC 系统，用户还可通过色彩方案清晰显示出该系统中设计气流、实际气流、机械区等重要内容，为电力负载、分地区照明等创建电子色彩方案。

（6）线管和电缆槽建模：Revit MEP 包含功能强大的布局工具，可让电力线槽、数据线槽和穿线管的建模工作更加轻松。借助真实环境下的穿线管和电缆槽组合布局，协调性更为出色，并能创建精确的建筑施工图。新的明细表类型可报告电缆槽和穿线管的布设总长度，以确定所需材料的用量。

目前已更新到 Revit MEP 2016，最新版本中新增了预制零件种类。为了提高处理大型消防、通气管和其他分类系统类型时的性能，在“计算”下拉列表添加了新的设置，即“仅体积”。将“计算”参数设置为“无”时，不计算“体积”参数。将“计算”参数设置为“仅体积”时，会计算“体积”参数。对于计算参数被设置为“无”的现有系统，升级的项目将具有设置为“仅体积”的“计算”参数。改进了捕捉行为：在处理大型系统模型时，就会注意到捕捉行为的一项改进。远程捕捉仅包含视图可见部分的对象，而不是视图范围的所有对象。此外，捕捉过滤器现在基于缩放级别：当缩放级别提高时，包含到远程捕捉中的元素减少。禁用“捕捉到远距离对象”时，不会捕捉链接文件中的连接件。MEP 制造细节设计：现在可以在 Revit 中使用 Autodesk 制造产品（CAD MEP、EST MEP 和 CAM DUCT）中的内容创建更加协调一致的模型。此功能可让施工公司的详图设计师更加确定模型准确反映设计安装。

2.1.6 Revit Structure

1. 产品介绍

Revit Structure 软件面向结构工程设计行业，提供用于结构设计、分析与工程设计的专门工具。使用增强的结构分析模型和对于结构配筋的增强支持等新型和增强型工具。借助强大的 Revit 核心功能，如施工建模与点云支持，可以更加快速地创建模型。而快速模型创建还能帮助更好、更快地完成面向改造与翻新项目的施工文档。

2. 核心功能

面向BIM的结构工程设计软件Revit Structure能够帮助采用BIM的结构工程公司集成多材质物理及分析模型，实现同步的结构建模，提高工作效率以及文档、分析和设计的精确性。

(1) 参数化结构组件：Revit Structure提供一套完备的结构建模设计工具，可用于墙、托梁系统、梁、桁架、空腹托梁、预制混凝土构件、混凝土钢筋、钢架连接、支柱、金属板等详图。参数化定义支持更快地修改任何对象类型。当创建新的对象、详图或符号时，Revit Structure可以将这些对象保存在族库中，以便进行编辑，或在其他项目中使用。

(2) 多材质建模：Revit Structure包含多种建筑材质，如钢、现浇混凝土、预制混凝土、砖石和木材。鉴于不同设计的建筑需要使用多种建筑材质，Revit Structure支持使用所需材质创建结构模型。

(3) 结构详图：通过附加的注释从三维模型视图中创建详图，或者使用Revit Structure二维绘图工具新建详图，或者从传统CAD文件中导入详图。为了节省时间，可以从之前的项目中以DWG格式导入完整的标准详图。专用的绘图工具支持对钢筋混凝土详图进行结构建模，例如：焊接符号、固定锚栓、钢筋、钢筋混凝土。

(4) 施工图绘制：Revit Structure能够自动执行传统CAD系统中需要手动处理的重复性绘图任务，更快地生成剖面图、立面图和详图视图，根据图纸编号自动参考剖面图、立面图和详图。

目前已更新到Revit Structure 2016。新增许多功能：结构剖面类别的结构柱和框架图元为柱和框架图元提供了新的尺寸标注参数，为了提高性能以更快地打开和更新视图，仅重新生成在屏幕上可见的钢筋。除静态分析之外还可执行重力分析。这种分析类型通过推断荷载的流动路径，可确定垂直荷载从模型顶部传到模型底部的方式。结果浏览器可显示和浏览重力分析的结果类型。可以同时执行一批分析。在"在云中分析"对话框中，可以指定用于若干个分析的类型和参数。

2.2 Bentley公司的BIM平台与软件

2.2.1 Bentley公司简介

奔特力(Bentley)公司是一家全球领先企业，致力于提供全面的可持续性基础设施软件解决方案。Bentley通过帮助基础设施行业充分利用信息技术、学习、最佳实践和全球协作以及推动专注于这项重要工作的人员的职业发展，为基础设施行业提供长久支持。Bentley公司成立于1984年，在50多个国家设有分支机构。《工程新闻记录》(The Engineering News-Record，ENR)评出的顶级设计公司中有近90%使用Bentley的产品。在Daratech公司2008年的一项研究中，Bentley公司被评为全球第二大地理信息软件解决方案提供商。Bentley产品在工厂设计(石油、化工、电力、医药等)和基础设施(道路、桥梁、市政、水利等)领域有无可争辩的优势。

Bentley公司的解决方案提供了两个明确的基础平台：EIC（Engineering Information Creation，工程信息创建）与EIM（Engineering Information Management，工程信息管理）。EIC是以MicroStation为其核心，在基础设施的设计、建造与实施中主要用于创建工程信息。EIM表示工程信息的管理，ProjectWise提供了工程资讯同步管理功能。MicroStation和ProjectWise共同组成面向包含奔特力全面的软件应用产品组合的平台。在这样一个平台上，奔特力公司面向各个纵向行业又构建了四个专业扩展：建筑业、土木设施、工厂设计、地理信息，在各专业扩展上配置各种专业软件，提供兼具数据互用性和配置灵活的专业解决方案。

下面主要介绍MicroStation、ProjectWise两大软件平台，以及AECOsim Building Designer综合建筑设计系统软件。

2.2.2 MicroStation

1. 产品介绍

MicroStation经过20多年的发展，除了具备强大的二维绘图、三维可视化、多任务并行、大数据库连接、用户定制及二次开发等功能以外，随着信息技术的发展，其在工程信息集成与共享、工程分析、设计变更过程记录追踪、数字权限管理、协同设计、分布式企业支持等都有独特的发展。特别需要指出的是，MicroStation已经从一个绘图软件发展成为功能强大的工程软件平台，在这个软件平台上，派生出奔特力的建筑工程、土木工程、工厂设计、地理信息四大系列共几十种工程软件，被广泛用于建筑设计、土木工程、工厂设计和地理空间工程的各个方面。这些系列工程软件通过统一的MicroStation平台交换数据。

MicroStation软件是奔特力工程软件有限公司的核心产品之一，是奔特力的旗舰产品，主要用于基础设施的设计、建造与实施。如今包括政府在内的一些大型工程建设与管理机构也使用其来集成和管理庞大的工程信息。因此MicroStation已经发展成为国际上享有盛名的软件，特别在高端应用中占据着显著的地位。

2. 核心功能

（1）二维制图：绘制任何二维几何元素，AccuDraw和AccuSnapa精确绘图工具提供了独特的工作模式；智能化的尺寸标注，可与标注对象自动关联；可关联参考文件的对象；自动匹配参考文件的比例。可与数据库连接，支持ORACLE9i、OLEDB；通过ODBC可以连接各种商业数据库。这是MicroStation能够成为集成的工程信息平台的关键之一。

（2）三维表现：借助于MicroStation的建模环境，可以直接以3D模式工作，将参数实体建模技术和表面建模技术与集成的绘图工具融为一体。MicroStation采用三维实体造型技术，使用基于Parasolid（世界上领先的、经过生产证明的三维几何建模组件软件）的三维模型技术，支持真实的三维实体模型；支持三维曲线、曲面及曲面模型。在显示、渲染表现功能方面，MicroStation支持纹理贴图、凹凸贴图、动态贴图；支持多种高级仿真渲染，支持多种光源模式。MicroStation还有动画仿真功能，可用于可视化日光分析、施工进度模拟。

（3）光栅（位图）管理：MicroStation可以支持引入和显示多个光栅图像，适用于参考航拍照片、卫星图像、扫描图和数码照片等。支持多种符合行业标准的文件格式以及小波压缩格式。

(4) 文件参考：借助于 MicroStation 文件参考功能，能够使得各专业实现并行协同工作；工程师在创建本专业模型的同时，可以借鉴或利用其他专业的模型，团队成员可以同时在一个项目中开展工作。

(5) 变更追踪：MicroStation 具备历史记录功能和变更追踪功能，即可以记录和复查 DGN 文件以及引用内容的整个编辑过程，并可以用颜色显示差异，可以做到任何版本的 Undo/Redo。

(6) 数字安全管理：MicroStation 符合行业标准的加密技术，对 DGN/DWG 设计和图纸使用数字签名，可确保 MicroStation 的 DGN 格式文件无法被随意篡改。

(7) 数据兼容：借助于 MicroStation 不仅可以在工作流程交织的复杂环境轻松地实现数据共享，同时还可以确保数据的真实性。软件自身具有 DGN 和 DWG 文件查看、编辑和参考功能，免除了文件之间的格式转换操作。DGN/DWG 之间可以相互参考引用；兼容不同版本的 DWG 文件。

(8) 输出至 PDF：可以按照统一的批量输出文件；可以在 PDF 文件中控制图层；支持 3D PDF，在 PDF 文件中可以演示动画和漫游浏览。

(9) 标准管理：MicroStation 提供了一种建立公司标准的综合方法，可确保项目在整个生命期内具有稳定性。标准检查器可以将 DGN 文件中的信息与建立的标准进行比较。

(10) 数据清理：可以自动清理重复线条；根据设定的最小值对绘图中各种间隙进行自动弥合。

(11) 扩展开发：在建筑、工厂、土木工程和地理空间等工作流程中，可以采用 MicroStation 完成大量的设计和工程任务。为了满足全球设计领域内日益增长的需求，Bentley 采用名为 MicroStation Configurations™的专用功能集对 MicroStation 进行了扩展。

目前已更新到 MicroStation V8i。加强了参考资料功能：能够在设计文件中附加 PDF 参考文件，动态处理参考文件剪辑以及使用设计历史记录在不同的开发阶段为同一模型附加多个实例。将 CAD 标准与 MicroStation Tasks 整合起来，根据设计与制作工作流程来调整功能与工具，从而团队能够设计出前后一致的作品。DirectX 图形系统：这种新推出的显示子系统采用了微软公司（Microsoft）的 DirectX 技术，一种推动了视频游戏业发展的高速图形技术，从而在二维与三维设计当中大幅提高了浏览与导航速度。加强了 MicroStation 的设计、草图绘制、映射与直观化功能；加强型三维建模功能：能够创建参数化的三维几何图形与通过网络建模设计轻型结构，还提供了交互式的直观化编辑操作等。

2.2.3 ProjectWise

1. 产品介绍

ProjectWise 提供了一个流程化、标准化的工程全过程（生命期）管理系统，确保项目的团队、信息按照工作流程一体化地协同工作，并且为工程项目内容的管理提供了一个集成的协同环境，可以精确有效地管理各种 A/E/C（Architecture/Engineer/Construction）文件内容，并通过良好的安全访问机制使项目各个参与方在一个统一的平台上协同工作。

ProjectWise 构建的工程项目团队协同工作系统，用于帮助团队提高质量、减少返工并确保项目按时完成。ProjectWise 在各种类型和规模的项目中都能够提高效率并降低成本，它是唯一一款能够为内容管理、内容发布、项目审阅和资产生命期管理提供集成解决方案的系统。ProjectWise 软件可满足实现工程设计流程控制及图档管理的需求。ProjectWise 是一个面向工程企业、基于先进的三级客户/服务器体系结构、运行于 Microsoft Windows NT 网络操作系统上的工程信息管理系统。ProjectWise 服务器端软件是控制、管理此软件系统，并为客户端的服务请求提供响应的，运行于 Windows NT Server 平台上的后台服务进程；其客户端软件则是运行于 Windows95/98、WindowNT Workstation 等客户端网络操作系统上的前端应用程序。这些应用程序组合在一起为用户提供了强大的系统管理、文件访问、查询、批注、信息扩充和项目信息及文档的迁移功能。

2. 核心功能

（1）对设计文档的检入检出（Check-in/Check-out）功能：用于各专业之间的设计协同。

（2）文件的版本/更新（Version/Revision）管理机制：可以对设计过程中不同时期产生的不同版本的文档进行管理，同时还提供历史记录的功能，对任何人在任何时候对任何文档的任何操作都会有详细的记录，保证了文档的安全性。

（3）提供查看器（Viewer），方便使用者在不需要安装特定应用程序的情况下随时浏览文件的内容。

（4）提供 CAD 图档批注（Redline）工具，可以对设计文档（DWG）进行红线圈阅，真正实现了无纸化办公。

（5）系统提供查询（Query）工具，使得对项目中文档的搜索更加便利。

（6）系统可以对各专业图纸间的参考关系进行管理。

（7）提供批量打印图纸的管理，以保证最后出图与最后版本相符。

（8）还可以达到异地协同的管理，以保证对外地项目很好的管理。

除此之外，还可以实现工作流程的管理：

（1）可以针对不同职位的人员设置不同的权限，从而实现设计→校对→审核流程。

（2）当文件工作流程状态变更时，系统能够提供自动发送信息通知该流程中的相关人员，保证了信息的及时性。

（3）可以与 Windows NT 的域验证机制相结合来验证使用者的身份及密码，便于管理的同时保证了企业的安全。

ProjectWise Design Integration Connect 版本通过采用 Connected 项目和一系列云服务提高了分布式项目和组织之间的协同工作。把现有 ProjectWise 上的项目通过关联到云端的 Connected 项目，用户可以在 ProjectWise 客户端访问到云端项目门户，以及使用其他 ProjectWise 的 Connection 服务。用户也可以访问他们的个人门户，来访问根据他们自己角色和技能水平自定义的学习路径和软件推荐。

2.2.4 AECOsim Building Designer

1. 产品介绍

AECOsim Building Designer（以下简称 ABD）是 Bentley 公司的一款 BIM 软件，它

是一个信息共享并且包含多个领域的建筑信息模型应用程序。它只有单独一个安装程序，但却含有建筑、结构、设备、电气等四个模块，组成了一个较为完整的数据库和共享工具箱。软件功能强大，建筑工程师、结构工程师、电气工程师、设备工程师或其他建筑专业人士都可以使用该软件对不同类型和不同规模的项目进行设计、分析以及建造。AECOsim Building Designer 包含了一个统一的任务界面，它实现了多个模块共享设计建筑实体，任何一个模块都能随时调用其他模块的工具箱。

2. 核心功能

Architectural Design、Structural Engineering、Mechanical Engineering、Electrical Engineering 功能模块针对不同专业，但是很多功能具有相似之处：

（1）制作建筑信息模型，按预算如期提供更高质量的设计；避免成本超支、延期和索赔并增加收益；改进客户服务并赢得竞争优势。

（2）压缩设计开发时间，迅速完成最复杂建筑的设计与建模；赢得更多时间来评估更多设计方案；在扩初设计阶段节省大量时间。

（3）创建几乎任何形式的设计，快速创建复杂的参数化对象和部件，采用参数化衍生式模式充分表达设计创意。

（4）即时获取可视反馈，无需再将模型导出到可视化应用程序中，简化极具说服力的客户演示文稿的创建过程，更好地将设计意图和项目信息传达给业主。

（5）缩短施工文档的制作时间，创建协调的施工文档，控制设计表达的各个方面在施工图设计阶段节省大量时间。

（6）预测性能、数量和成本，查询建筑信息模型的所有相关方面，通过关联属性进行几何更改，生成准确的一览表和报表。

（7）避免错误和疏忽，确保各种形式项目文档的一致性，确保符合各项企业和项目标准，获取知识以便在后续项目中重复使用。

（8）为公司提供强力支持，借助灵活的工作流程和工具按用户所需的方式开展工作，已本地化的 AECOsim Building Designer 可立即投入使用，每个人都可以使用单一的跨领域工具缩短学习过程。

（9）在团队内和团队间实现协作和数据互用，跨领域无缝协作，不同文件格式之间的互操作，与项目合作伙伴安全地共享和同步项目信息，有效管理变更并保护用户的知识产权。

Electrical Engineering 功能模块还具有自己独特的部分：

（1）专注于电气设计，通过自动制作施工文档专注于设计，迅速完成各种电气系统的设计与建模，通过自动设计工具加速设备和装置布置，无需重新输入数据即可与行业标准分析程序集成，支持现实的电气设计工作流程。

（2）将设计、分析与文档制作集成在一起，将设计与行业标准分析程序无缝集成赢得更多时间来评估更多设计方案，消除手动输入数据时易犯的错误，在设计扩初阶段节省大量时间，利用单一输入即可创建多项输出，使用单一项目数据源实现各种一览表的同步。

（3）逐步改进设计，当相应信息可用时可以轻松添加设计细节，迅速、准确地纳入设计变更，自动更新标签和其他设计数据。

Bentley 于 2016 年 3 月发布最新 ABD V8i SS6 Update1 版本。

2.3 Nemetschek 集团旗下 GRAPHISOFT 公司的 BIM 软件

2.3.1 公司介绍

GRAPHISOFT 公司于 1982 年创建于匈牙利首都布达佩斯，主打产品是专门针对建筑师的三维软件产品 ARCHICAD。GRAPHISOFT 于 2007 年被德国 Nemetschek 集团收购成为其一员。Nemetschek 成立于 1963 年，在全球范围内为工程建设行业相关专业提供各种软件解决方案。

GRAPHISOFT 公司通过行业内第一款为建筑师打造的 BIM 软件 ARCHICAD 引领 BIM 变革；通过创新的解决方案持续引领行业进步，比如革命性的 GRAPHISOFT BIM Server，提供了全球第一个实时的 BIM 协作环境；GRAPHISOFT EcoDesigner 是世界上第一款完全整合的建筑能耗分析模型软件；GRAPHISOFT BIMx 是一款旗舰的 BIM 交流工具；著名的 Open BIM 概念，亦由 GRAPHISOFT 提出。下面主要介绍一下 ARCHICAD。

2.3.2 ARCHICAD

ARCHICAD 是全世界最优秀的三维建筑设计软件之一。ARCHICAD 的主要优势包括自由设计、图纸文档自动生成、直观性等。ARCHICAD 可以使创造性的自由设计与其强大的建筑信息模型高效地结合起来，并且一系列相关的工具在项目任意阶段都支持这些过程。利用 ARCHICAD 可以创建 3D 建筑信息模型，同时所有的图纸文档和图像将会自动创建。为了更好地交流设计意图，创新的 3D 文档功能使用户可以将任意视点的 3D 模型作为创建图纸文档的基础，并可添加标注尺寸甚至额外的 2D 绘图元素。

2.4 Dassault 公司的 BIM 软件

2.4.1 公司介绍

达索（Dassault）公司总部位于法国巴黎，提供 3D 体验平台，应用涵盖 3D 建模，社交和协作，信息智能与内容和仿真，服务范围涉及商务飞机等多个领域。达索系统先进的数字飞行控制系统也毫无疑问地被运用在达索旗下的商务飞机达索猎鹰 7X 上。Dassault 公司拥有六大品牌软件：SolidWorks、CATIA、SIMULIA、DELMIA、ENOVIA、3DVIA，成功收购 Dymola 之后，拥有七大品牌软件。本书将详细介绍在国内较为常用的 CATIA 软件。

2.4.2 CATIA

1. 产品介绍

CATIA 是由法国 Dassault 公司开发，并由 IBM 公司负责全球支持服务和销售的产品。CATIA 具有完备的设计能力和很大的专业覆盖面，它是一套集成的软件包，内容覆盖了产品设计各个方面，包括：计算机辅助设计（CAD）、计算机辅助工程分析（CAE）、计算机辅助制造（CAM），它既提供了支持各种类型的协同产品设计的必要功能，也可以进行无缝集成完全支持“端到端”的企业流程解决方案，其特有的DMU电子样机模块功能及混合建模技术更是推动着企业竞争力和生产力的提高。

Dassault公司的CATIA是全球最高端的机械设计制造软件，在航空、航天、汽车等领域具有接近垄断的市场地位，应用到工程建设行业无论是对复杂形体还是超大规模建筑其建模能力、表现能力和信息管理能力都比传统的建筑类软件有明显优势，而与工程建设行业的项目特点和人员特点的对接问题则是其不足之处。Digital Project是Gery Technology公司在CATIA基础上开发的一个面向工程建设行业的应用软件（二次开发软件），其本质还是CATIA。

2. 核心功能

CATIA机械模块提供了从概念设计到详细设计直至出图纸输出的功能，以加快企业核心产品的开发流程。CATIA机械设计模块如表2-1所示。

CATIA机械设计模块功能 **表2-1**

模　　块	功　　能
航空钣金设计	设计航空钣金件的专业模块
修复助理	本模块会根据CATIA的数据结构，对从外部转入的几何数据进行分析并提高数据质量
焊接设计	提供友好高效的软件环境进行焊接装配体的设计工作
装配设计	装配设计工作台可以和当前其他伴侣产品共同使用，装配零件以完成设计。能够方便地建立机械装配约束，自动零件定位并检查装配的一致性与完整性，与其他模块配合以支持完整的产品流程（从最初的概念到最终运行）。还可以使用DMU漫游器检查功能审查和检查装配。交互式的变速技术以及其他查看工具使用户可以直观地浏览大型装配
零件设计	零件设计模块提供了直观的用户界面，将基于特征的设计与灵活的布尔方法结合起来，提供了高效直观的设计环境及多种不同的设计方法，使用户在高效与易用的环境内进行三维零件设计，包括从装配上下文中绘制草图到重复细节设计。零件设计应用程序能够适应复杂程度各异的零件设计要求
线架与曲面	在机械零件设计的基础上融入线框与基本曲面的特征
创成式绘图	在三维零件及装配的基础上生成图样
交互式绘图	用于满足纯二维设计与图样生成的需求
模具设计	进行注塑模具设计
三维公差与标注	针对三维零件定义并管理公差信息及批注等
框架结构设计	设计框架结构件
钣金设计	提供了一个高效易用的钣金结构设计环境

CATIA V6版本是IBM和达索系统公司长期以来在为数字化企业服务过程中不断探索的结晶。围绕数字化产品和电子商务集成概念进行系统结构设计的CATIA V6版本，可为数字化企业建立一个针对产品整个开发过程的工作环境。在这个环境中可以对产品开发过程的各个方面进行仿真，并能够实现工程人员和非工程人员之间的电子通信。产品整个开发过程包括概念设计、详细设计、工程分析、成品定义和制造乃至成品在整个生命期

中的使用和维护。

2.5 鲁班集团的BIM软件

2.5.1 厂商简介

鲁班软件（集团）致力于以先进的管理理念与信息技术推动中国建筑业进入智慧建造时代，努力成为占全球50%的中国建筑业可持续发展的关键支撑力量。

鲁班软件聚焦于企业级工程基础数据整体解决方案。经过不懈努力，鲁班软件拥有了专业化的管理研发团队，已经成为中国BIM技术研发应用的领航者，是国内工程基础数据解决方案领先提供商。

2.5.2 产品的功能及应用

随着中国建筑业信息化的快速升级，鲁班软件集团已成长为业内唯一拥有一大高端咨询服务（鲁班咨询），五大基础数据解决方案（BIM、量、价、企业定额、全过程造价管理），三大支撑体系（鲁班大学、鲁班测量、鲁班传媒）的工程基础数据整体解决方案供应商，已成为中国建筑业信息化的重要力量之一。

主要功能包括鲁班项目基础数据解决方案；鲁班项目基础数据分析系统（PDS）；Luban MC管理驾驶舱；Luban BIM浏览器；Luban BIMWorks；鲁班通价格信息（询价）解决方案；企业定额（造价指标）解决方案；鲁班算量系列产品等。

基于BIM浏览器（Luban BE）应用亮点：1）施工进度模型：1秒查看实际施工进度；2）Luban BE Revit工程无缝导入：100%导入设计数据；3）Luban BE BV问题管理：随时监督现场施工问题的整改；4）Luban BE尺寸标注：随时查看构件尺寸；5）Luban BE钢筋标注：模型直接查看钢筋标注信息，无需再低效率比对；6）Luban BE属性搜索并统计：构件属性快速获取，形成成果报表。

多专业集成平台（Luban BW）BIM应用亮点：针对建设工程中各类净高不足的问题，Luban BIMWorks对净高检查功能进行全面设计，根据设计规范中对不同位置的设计净高要求，开放区域式的检查机制。并且可对升、降板等特殊情况的区域设置楼地面高度，还可通过模板贴切实际需要，独立进行梁板、综合管线等分类式的净高检查，对实际净高检查结果和设计要求进行对比。

鲁班土建BIM应用亮点：1）鲁班变更之增量计算；全新的鲁班变更-增量计算功能，采用先进的增量计算技术，在保证计算结果准确性的前提下极大减少了变更数据对硬盘空间的占用，同时也极大地提升了变更单的计算速度。2）鲁班变更之模型展示；变更量计算出来以后，将在软件中把变化前后的模型进行三维展示。强大的显示控制管理帮助轻松查看模型。将变化的构件标记出来方便查看。同时支持根据报表数据反查构件图形，帮助将计算结果数据和模型联系起来。3）鲁班变更之资料预览；切换资料，即时预览，帮助节省大量的时间。预览功能支持海量常用格式，包括了：Word文档、Txt文档、Excel文档、PDF格式及所有图片格式。4）鲁班土建：楼板区分；在板类构件的平面样式中新增加了十种易于区分的填充样式，帮助在平面显示中区分各种楼板，并支持自由设置填充比例，帮助选择最适合自己的平面显示方式。

鲁班钢筋 BIM 应用亮点：1）自定义梁；2）按板厚设置分布筋；3）板洞加筋；4）筏板封边构造；5）剪力墙拉筋梅花布置；6）圈梁遇洞口钢筋及三维扣减；7）自定义线性构件三维；8）自动倒角延伸。

鲁班安装 BIM 应用亮点：1）新式桥架；2）连接短管；3）全新清单定额报表。

鲁班施工 BIM 应用亮点：1）砌体排布，你可以指定砌体排布规则，快速对整栋、整层砖墙提前排布模拟。配合平面编号图、砌块排列图命令，查看单个或区域砖墙的排布详情。还可根据报表工程量，保证砌块的订货数量标准；根据平面编号图和施工进度，组织各种砌块的进场时间，减少砌块在施工现场的堆放场地；根据每个墙体的砌块排列图，组织各种砌块的垂直和水平运输，提高人工的劳动效率。2）全构件导入鲁班节点，鲁班节点作为一款对钢筋细节深化处理的软件，它能清晰、直观地展示钢筋三维排布信息，从而对节点位置处的钢筋进行排布优化处理，编制钢筋排布方案，避免现场二次加工，提高施工质量，缩短工期及降低造价。全工程构件导入可对整个工程所有复杂节点进行钢筋碰撞检查、二次编辑排布深化，灵活指导现场施工。

鲁班造价软件应用亮点：1）全面支持上海招投标数据标准；2）好用的小工具，查询清单功能。

2.5.3 产品的特点

鲁班建模算量软件全面免费免锁，鲁班软件用户可以零门槛使用。鲁班软件在行业中较早向互联网、向服务转型，已成功研发出算量互联网应用平台（iLuban）、服务平台和系统运维平台，采用先进的"云＋端"模式，突破了单机软件功能的局限，使算量软件有了更大的创新空间。增值的云服务采用年费的形式，突破了盗版以及升级费难收的瓶颈，摆脱了中国软件企业多面临的由用户使用习惯带来的规模扩张困难的窘境。

同时，鲁班软件已经布局研发企业级、项目级的 BIM 系统。BIM 是个复杂的三维技术，BIM 系统的实施需要有 BIM 团队、需要有方法论的指导等。因此，鲁班软件并不主动销售 BIM 系统，而是采取服务的方式，用 BIM 系统为企业提供 BIM 咨询服务，让企业在缺乏 BIM 队伍时也能更快速地获取 BIM 的价值。

鲁班软件 BIM 解决方案架构如图 2-1 所示。

鲁班软件的企业级 BIM 系统在国内一枝独秀。鲁班软件的企业级 BIM 系统（Luban PDS）是一个以 BIM 技术为依托的工程基础数据平台，它将前沿的 BIM 技术应用到了建筑行业的项目管理全过程当中。在 Luban PDS 中只要将创建好的 BIM 模型上传到系统服务器，系统就会自动对文件进行解析，同时将海量的数据进行分类和整理，形成一个多维度的、多层次的、包含三维图形的数据库。通过互联网技术，系统将不同的数据发送给不同的人。Luban PDS 拥有多个客户端，企业不同岗位人员根据不同需求利用不同的客户端，随时随地从 BIM 模型中提取所需的信息完成日常的项目管理工作。如 Luban BIM-Works、Luban BIMViewer、Luban BIMExplorer、iBan、Luban Onsite、Luban Schedule Plan。其中，Luban BIMViewer、iBan 等与移动应用紧密结合，充分适应了建筑业移动办公特性强的特点。

鲁班的企业级 BIM 系统实现了施工项目管理的协同，实现了模型信息的集成，同时

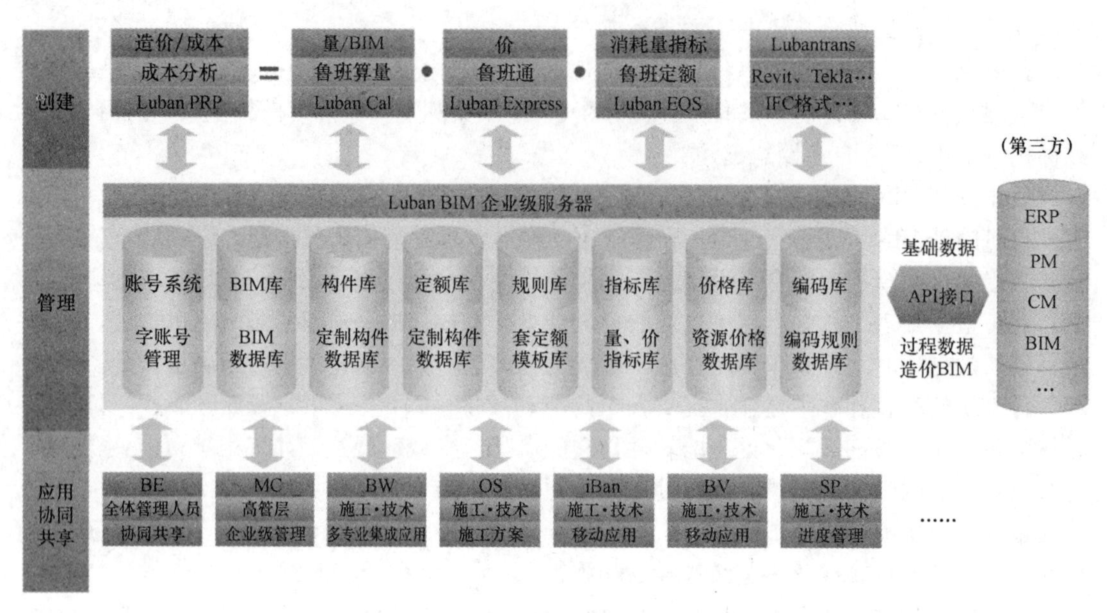

图 2-1　鲁班软件 BIM 解决方案架构

授权机制实现了企业级的管控、项目级管理协同。它是一个运用组件集成先进开发思想的，集成了优秀 CAD 引擎、云技术、数据库等先进计算机技术的平台，新功能开发速度快且稳定。

此外，鲁班软件坚持聚焦定位、开放数据、广泛联盟。与主流 ERP 厂商新中大、用友等强强合作，共同为建企信息化提供解决方案。

2.6　广联达公司的 BIM 软件

2.6.1　厂商简介

广联达 BIM 是广联达科技股份有限公司旗下品牌，致力于提升建设工程信息化领域的 BIM 全生命期应用。2009 年广联达 BIM 中心在总部成立，创建自主知识产权的图形平台。广联达 BIM 多年来一直专注 BIM 技术研发，并与国内众多知名建筑企业积极展开 BIM 技术在实际项目中的应用。

广联达 BIM 安装算量软件 GQI2015-6.0 版新增以下八个方面的功能，1）识别类：如设备一键识别，照明系统一键识别，动力系统一键识别，弱电一键识别，消防栓识别等；2）检查类：漏项检查，碰撞检查，属性检查，设计规范检查，检查系统回路等；3）扩大构件识别范围类；4）显示类：显示计算式，显示电线电缆，显示保温层，显示定尺接头等；5）计算类：区域管理，实时计算，分楼层计算，报表等；6）属性类：属性字典等；7）导入接口类；8）易用优化类。

2.6.2　产品功能及应用

1. BIM5D

施工阶段精细化管理平台，广联达 BIM5D 以 BIM 平台为核心，集成全专业模型，并以集成模型为载体，关联施工过程中的进度、合同、成本、质量、安全、图纸、物料等信息，为项目提供数据支撑，实现有效决策和精细管理，从而达到减少施工变更，缩短工期、控制成本、提升质量的目的。

2. MagiCAD

机电专业BIM解决方案引领者，MagiCAD是一款功能强大、简单快捷的二、三维联动机电BIM解决方案，可广泛应用于通风空调、采暖和制冷、给排水和消防、电气等专业的深化设计，并且同时支持AutoCAD和Revit双平台。

3. BIM审图

BIM模型检查专家，广联达BIM审图服务于BIM项目的深化设计阶段，颠覆了传统的二维审图方式，以三维模型为基础，利用BIM技术，快速、全面、准确地发现全专业的图纸问题，并能一键返回建模软件，快速修改，自动核审，提升施工图质量，最大限度降低返工。

4. BIM浏览器

轻量化的三维模型查看工具，BIM浏览器是基于广联达自主图形平台开发的一款免费、大众化、易学易用的模型浏览工具。通过对多专业复杂模型的集成展现，满足BIM应用各参与方（建设、咨询、设计、施工、监理、运维）关于模型浏览、沟通、共享的需求。

5. BIM算量

主要包括土建、安装、钢筋、精装、市政。广联达BIM算量系列产品均是基于自主平台研发的三维算量软件，凭借其专业、准确、简单、高效的核心优势和优质的质量始终排在造价类软件行业前端。

6. BIM三维场布

快速、美观、智能、合理。广联达BIM施工现场布置软件是基于BIM技术用于建设项目全过程临建规划设计的三维软件，为施工技术人员提供从投标阶段到施工阶段的现场布置设计产品，解决设计思考规范考虑不周全带来的绘制慢、不直观、调整多以及带来的环保、消防及安全隐患等问题。

7. BIM模架

现场施工人员专属BIM软件。基于广联达成熟的平台技术和BIM理念设计开发的针对脚手架搭设、模板施工下料、模板支架设计软件，广泛适用于模板脚手架专项工程方案设计、材料用量计算、施工交底等各个技术环节。同时可以根据实际施工阶段精确计算模板、脚手架需用量，可为招投标阶段措施费竞争和施工过程材料管控提供依据。

8. BIM解决方案

利用GBIM系统提供施工整体解决方案。GBIMS是由广联达BIM中心独立研发的施工阶段基于BIM的项目协同管理信息系统。将广联达BIM5D与项目管理平台结合，形成全业务数据集成，多岗位协同应用的精细化项目管理体系。

2.6.3 产品特点

广联达BIM软件套装以自主技术及全面产品开启了轻量化BIM应用新时代，既提供满足大型复杂项目的整体BIM解决方案，也有BIM5D、MagiCAD、BIM算量、BIM场地布置、BIM模板脚手架等一系列标准化软件以及免费的BIM浏览器和BIM审图软件，灵活专业地实现用户对于BIM应用需求、解决客户的实际业务问题。

广联达BIM专注轻量化BIM应用，让用户从选择到决定，从学习到学会，从应用到收效的完整流程更加快速，轻松，高效。

广联达软件BIM架构如图2-2所示。

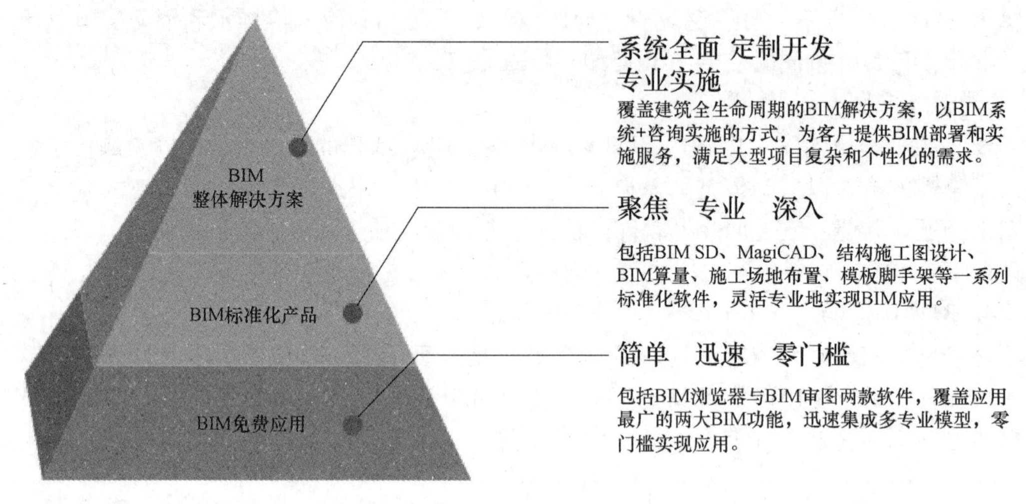

图2-2 广联达软件BIM架构

2.7 其他公司的BIM软件

2.7.1 RIB

1. 公司简介

RIB集团是建筑业的革新者。集团为全球建筑行业设计、开发和提供iTWO技术。iTWO是全球建筑行业第一个基于5D建筑信息模型的大数据企业级解决方案。

自1961年企业成立以来，RIB集团一直致力于建筑行业的革新，不断探索并引进新的技术、新的思维和新的工作模式以提高建筑施工效率。目前，RIB集团通过利用最现代化的信息技术，创造了一种革命性的建造工作模式。该工作模式把虚拟建造过程引入到建造工序中，整合了虚拟建造过程与实体建造过程，把传统的建筑行业塑造成21世纪最先进的数字化产业。

RIB集团的总部设在德国斯图加特，服务对象包括建筑承包商、开发商、业主、投资者和政府。服务项目类型涵盖楼宇建设、基础设施以及工业建筑等。全球每年使用iTWO进行5D项目管理的项目总值约500亿美元。虚拟建造和实体建造的整合能够给客户带来高达30%的成本节省，缩短至少20%的项目工期，并能极大降低建造风险和提高利润。

2. 软件产品——iTWO（集成化全流程建造管理5D BIM解决方案）

iTWO是RIB开发的5D BIM全流程协同管理平台，旨在优化整个建筑流程的管理。它将3D模型和时间（4D）和成本（5D）连接，整合了5D的虚拟+实体建造流程，在实际施工之前先把建筑项目从设计到建造的全生命期先模拟一遍，在虚拟阶段发现和解决各种问题，再用优化模型指导实体施工，从根源上避免误工、返工，从而节省成本和工期，降低项目建造风险。平台将项目各部门所有参与方从设计到执行，以及运维的项目生命期的所有数据整合到统一系统，形成项目全流程的协同管理。iTWO 支持智能手机、iPad 等移动终端实现建筑项目实时监控及时决策。

2.7.2 Trimble

1. 公司简介

Trimble（天宝）公司成立于 1978 年，20 多年来一直在 GPS 技术开发和实际应用方面处于行业领先地位。Trimble 始终保持着测绘技术的领先地位，并使定位技术与的日常生活紧密结合起来。Trimble 的技术在导航、精确授时、无线网同步、高精度大地工程综合解决方案、精准农业等方面发挥着重要的作用。

多年来 Trimble 公司一直致力于高精度连续运行基准站 GPS 设备的研制工作。新技术的应用使 Trimble 的设备在世界范围内广泛应用于地震-板块运动监测、沉降变形监测、气象观测等高精度应用领域。Trimble 在世界范围的广泛分布和其独特的能力使得公司产品在众多领域得到应用，包括：测绘、汽车导航、工程建筑、机械控制、资产跟踪、农业生产、无线通信平台、通信基础设施。

2011 年 5 月，Trimble 公司收购 Tekla 公司的股权。2012 年 11 月，Trimble 公司收购 Vico 软件公司以扩展其在设计、建造、营运的综合能力。之后 Trimble 还收购了 Gehry 技术和 GTeam。

2. 软件产品

（1）Vico 软件

Vico Office 是用于建筑行业的高度集成的、BIM 中立的平台，通过它多种类型的 BIM 模型可以进行发布、合成，并通过与成本与进度信息结合而得到增强。Vico Office 主要功能包括文档管理、版本管理、碰撞检查、可施工性分析、成本检查、施工区域划分、线型施工进度计划和生产控制、工程量清单、成本计划、二维图纸现场放样、三维模型对比等。尤其是该软件基于 LBS（Location Based System）理论生成的线性进度计划图表（Flow Line），使得施工流水段可以按层、专业、位置进行划分，线的斜率代表生产效率，使使用者能够形象、快速判断工期安排、班组安排、资源计划是否满足施工需求。在 Vico Office 中可以实现工序级的 4D 施工模拟，不同工序可以用不同颜色区分。

Vico Office 是使项目参与方在同一个平台上进行项目级的协同办公的建筑软件。它为项目提供一个完整的 BIM 工作流，将 3D 模型与可施工性分析、工程量估算、4D 基于模型的进度计划、5D 基于模型的预算、现场的生产控制结合在一起，以实现用一个软件实现对项目全过程控制，进而实现提高效率、缩短工期、节约成本的目标。

1）5D BIM 工作流

Vico Office 中的 5D BIM 工作流随着一个新项目的创建而产生，以报告和数据采集为结束。当企业开始一个新的项目时把 2D 图纸和 3D 模型添加到文件注册中，用来进行版本控制和变更管理。模型可以通过 ArchiCAD、Tekla、Revit、AutoCAD 发布到 Vico Office 中，IFC 文件、SketchUp 文件、CAD-Duct 文件，甚至是 3D DWG 文件都可以在 Vico Office 中使用。

Vico 5D BIM 的工作流如图 2-3 所示。

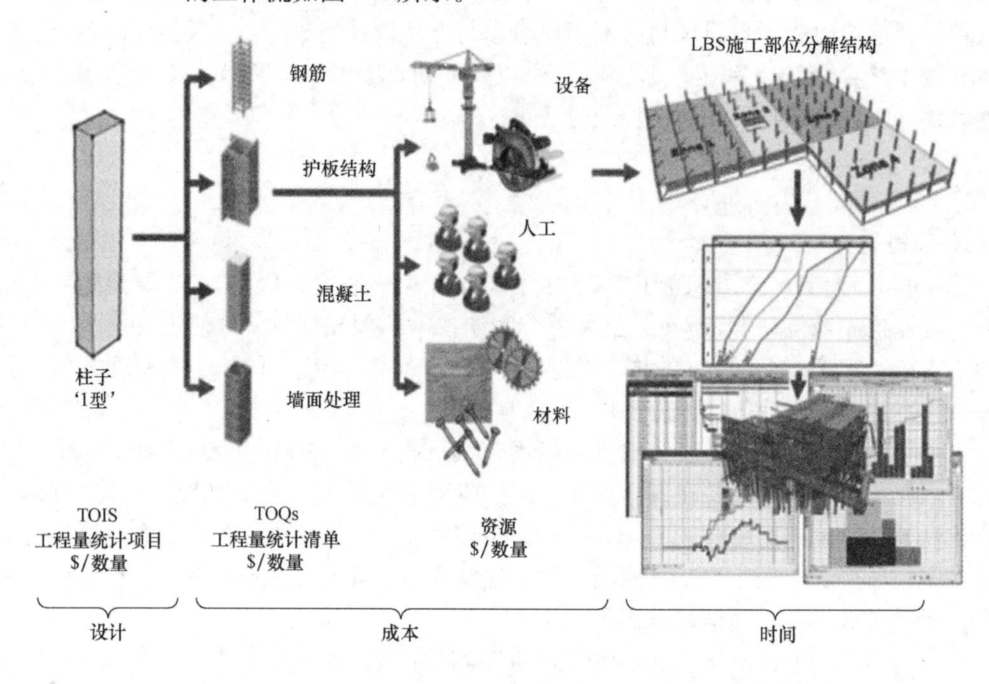

图 2-3　Vico 5D BIM 工作流

通过 Vico Office 文档控制器，可以快速识别不同图纸和模型版本之间的变化。通过使用滚动轴和高亮来突出显示模式的变化，还可以云标记问题部位，甚至可以组织一个跨团队讨论，或者对问题项进行报告。在 BIM 模型完成之后，从多个项目利益相关者取得的 3D 模型进行发布，这些模型可以在 Vico Office 中进行结合。之后在 Vico Office 的可施工管理器中识别可行性的问题，然后将问题报告给设计组进行解决。如果问题不能被解决，会生成一个信息请求，然后在整个项目管理数据流中进行追踪。协调之后的模型可以再次在 Vico Office 文档管理器中与 2D 图纸进行比较，在预制和安装图纸生成之前作为一个最终的精确审核。一旦识别了协调问题，就用 Vico Office 工程量管理器来生成工程量。有了工程量，随着模型层级的增加，预算人员使用 Vico Office 成本计划来创建 5D 预算的细分级数。预算完成之后可以在 Vico Office 成本输出器中追踪项目预算，帮助业主识别何种决策对预算和进度最有影响。进度计划人员也可以利用工程量来评估项目，然后在 Vico Office LBS 管理器中创建位置系统最优的结合。通过施工组织设计，一个优化的顺序逻辑可以在 Vico Office 进度计划中应用，这是一种与传统 CPM 不同的运用流水线理论、基于位置的进度解决方案。4D 模拟进度展示可以帮助总承包商和分包商在一起对假设情境进行评估，并且确定最佳方案。最后，随着项目的实施，团队可以利用 Vico Office 生产控制器对需要的人员进行监控和调节。因为有实时的人员生产速率，团队有足够的警告信息可以避免冲突和延误。Vico Office 是项目级的数据库，所有的内容以及其数值都可以通过报告输出。

通过 Vico Office 将 3D 地理信息和工程量整合在一起，又与 4D 进度和 5D 预算整合在一起。这意味着当 3D 模型的一个元素发生改变的时候，进度和预算都自动发生变化。

2）LBS 进度计划

LBS（Location Based System）是 Vico Office 的一项专利，也是其与其他 BIM 软件最不同的部分，是第一个能够提供模型任意拆分、基于位置的工程量的解决方案。创建精确的位置系统是正确计划项目、管理人员流动和施工现场材料的关键，每个位置的工程量也是 4D 进度计划和 5D 成本计划的关键。基于位置的计划和管理能确保人员在没有任何窝工的情况下从一个任务到下一个任务，实现流水生产。所有的位置都与 LBS 管理器保持一致，并且可以被应用到模型的新版本中。这种划分方式不破坏初始元素，所以不需要对初始 BIM 模型做繁琐的改变。

（2）Gehry Technologies 与 GTeam

随着云计算相关技术的发展，大数据的协同应用变得越来越成熟，尤其是 3D 模型在设计和施工阶段的应用。铿利科技（Gehry Technologies）发布了新的协同平台——GTeam 平台，一个提供给 AEC 专业人员以及建筑业主们的基于云的 2D 和 3D 文件管理和项目协同平台。

铿利科技总部位于美国洛杉矶，是一家 AEC 技术企业，提供设计与项目管理解决方案、咨询服务和项目协作软件工具。铿利科技的解决方案包括 GTeam™ 软件（该软件是一款基于网页的 3D 文件管理和项目协作平台），以及建筑信息模型技术和为全球领先的业主、建筑师、工程师、建造师、行业专业人士等所提供的先进的项目交付服务。这些解决方案可帮助各种规模的客户实现更加有效的沟通，提升设计与施工质量，缩短项目周期。

铿利科技的咨询服务为建筑环境提供设计、执行和管理服务。凭借其遍及全球的建筑师、工程师、建造师和科学家团队，该公司能够提供可确定和优化项目交付流程和工具的解决方案，并通过整合的工程解决方案、高精度制作和装配以及更高的风险管理水平，实现创新建筑。

结合铿利科技的解决方案和专业服务以及天宝在定位、BIM、分析与可视化、自动化机器导航、实时远程信息处理领域丰富的技术产品，双方将向业界提供涵盖整个生命期的解决方案，以确保建筑师、工程师、承包商和业主能够访问建筑规划、设计、施工等阶段所获取的数据，并为其提供更加深入的洞察、更好的运营决策以及更高的资产绩效。

（3）Tekla

Tekla Structures 是为结构工程师、绘图员和制造人员提供的一个工具。这是一个管理多种材料（钢材、混凝土、木材等）数据库的集成化、基于模型的三维解决方案。Tekla Structures 具有交互式建模、结构分析、设计和自动创建图纸等功能，可以随时自动从三维模型生成图纸和报告。图纸和报告会响应模型中的修改，总是保持最新。Tekla Structures 包含各式各样的标准图纸和报表模板，也可以使用模板编辑器创建自己的模板。Tekla Structures 支持多个用户共同参与同一项目，可以与合作者同时合作构建同一模型，甚至在异地也可同时工作。由于总是在使用最新的信息，从而提高了准确性和质量。

Tekla Structures 10.0 版本以前的软件名为 Xsteel，Xsteel 是钢结构详图设计软件，通过首先创建三维模型以后自动生成钢结构详图和各种报表。由于图纸与报表均以模型为准，而在三维模型中使用者很容易发现构件之间连接有无错误，所以它保证了钢结构详图深化设计中构件之间的正确性。同时 Xsteel 自动生成的各种报表和接口文件（数控切割文件），可以服务（或在设备直接使用）于整个工程。用户可以在一个虚拟的空间中搭建一个完整的钢结构模型，模型中不仅包括部件的几何尺寸也包括了材料规格、横截面、节点类型、材质、用户批注语等在内的所有信息。可以用不同的颜色表示各个零部件，用户可以通过鼠标连续旋转功能从不同方向连续旋转的观看模型中任意部位，检查人员可以方便地发现模型中的逻辑关系有无错误。在创建模型时操作者可以在 3D 视图中创建辅助点再输入杆件，也可以在平面视图中搭建。Xsteel 中包含了 600 多个常用节点，在创建节点时非常方便，只需点取某节点填写好其中参数，然后选主部件次部件即可，并可以随时查询所有制造及安装的相关信息，能随时校核选中的部件是否发生了碰撞。模型能自动生成所需要的图形、报告清单所需的输入数据。所有信息可以储存在模型的数据库内。当需要改变设计时，只需改变模型，其他数据均相应的改变，因此可以轻而易举地创建新图形文件及报告。

2016 年 Trimble 公司宣布推出最新版 Tekla Structural Designer 软件，将分析和设计功能进行流程整合。新版 Tekla Structural Designer 支持建筑工程师进行高效分析和钢筋混凝土建筑设计。通过高级加载和分析功能、完全自动化的设计功能、高质量文档与无缝建筑信息模型协作功能，帮助工程师高效地完成建筑设计。

2.8 BIM 软件小结

通过对国内市场具有一定影响力和知名度的 BIM 软件进行梳理和归纳，小结如下：

1. BIM 核心建模软件

目前主要有以下四大公司提供 BIM 核心建模软件：

（1）Autodesk 公司的 Revit 建筑、结构和机电系列。

（2）Bentley 公司的建筑、结构和设备系列。

（3）Nemetschek/Graphisoft 公司的 ArchiCAD。

（4）Dassault 公司的 CATIA 产品以及 Gery Technology 公司的 Digital Project 产品。

2. BIM 可持续（绿色）分析软件

可持续（或绿色）分析软件可使用 BIM 模型信息，对项目进行日照、风环境、热工、景观可视度、噪声等方面的分析和模拟。主要软件有国外的 Echotect、IES、Green Building Studio 以及国内的 PKPM 等。

3. BIM 机电分析软件

水暖电或电气分析软件，国内产品有鸿业、博超等，国外产品有 Design Master、IES Virtual Environment、Trane Trace 等。

4. BIM 结构分析软件

结构分析软件是目前与 BIM 核心建模软件配合度较高的产品，基本上可实现双向信息交换，即：结构分析软件可使用 BIM 核心建模软件的信息进行结构分析，分析结果用于结构的调整，又可反馈到 BIM 核心建模软件中去，自动更新 BIM 模型。国外结构分析软件有 ETABS、STAAD、Robot 等以及国内的 PKPM，均可与 BIM 核心建模软件配合使用。

5. BIM 深化设计软件

Xsteel 作为目前最具影响力的基于 BIM 技术的钢结构深化设计软件，可使用 BIM 核心建模软件提交的数据对钢结构进行面向加工、安装的详细设计，生成钢结构施工图（加工图、深化图、详图）、材料表、数控机床加工代码等。

6. BIM 模型综合碰撞检查软件

模型综合碰撞检查软件基本功能包括集成各种三维软件（包括 BIM 软件、三维工厂设计软件、三维机械设计软件等）创建的模型，并进行 3D 协调、4D 计划、可视化、动态模拟等，也属于一种项目评估、审核软件。常见模型综合碰撞检查软件有 Autodesk Navisworks、Bentley Projectwise Navigator 和 Solibri Model Checker 等。

7. BIM 造价管理软件

造价管理软件利用 BIM 模型提供的信息进行工程量统计和造价分析。它可根据工程施工计划动态提供造价管理需要的数据，亦即所谓 BIM 技术的 5D 应用。国外 BIM 造价管理有 Innovaya 和 Solibri，鲁班、广联达则是国内 BIM 造价管理软件的代表厂商。

8. BIM 运营管理软件

BIM 运营管理软件中，ArchiBUS 是最有市场影响的软件之一，而 FacilityONE 也将提供有关帮助。

9. 二维绘图软件

从 BIM 技术发展前景来看，二维施工图应该只是 BIM 模型其中的一个表现形式或一个输出功能而已，不再需有专门二维绘图软件与之配合。但是国内目前情形下，施工图仍然是工程建设行业设计、施工及运营所依据的具有法律效应的文件，而 BIM 软件的直接输出结果还不能满足现实对于施工图的要求，故二维绘图软件仍是目前不可或缺的施工图生产工具。在国内市场较有影响的二维绘图软件平台主要有 Autodesk 的 AutoCAD、Bentley 的 MicroStation。

10. BIM 发布审核软件

常用 BIM 成果发布审核软件包括 Autodesk Design Review、Adobe PDF 和 Adobe3DPDF。正如这类软件本身名称所描述的那样，发布审核软件把 BIM 成果发布成静态的、轻型的、包含大部分智能信息的、不能编辑修改但可标注审核意见的、更多人可访问的格式（如 DWF/PDF/3DPDF 等），供项目其他参与方进行审核或使用。

思考题：

1. Autodesk 公司的 Revit Architecture、Revit MEP、Revit Structure 各自是针对哪方面的解决方案?
2. 奔特力（Bentley）公司提供了哪两个基础平台？各自的核心功能是什么？
3. 比较 Autodesk、Bentley、Dassault 公司的应用领域，及其各自擅长的领域。
4. 鲁班最新推出的 BIM 产品有哪些？主要有哪些新增功能？
5. 广联达主要有哪些产品？
6. 广联达产品的特点有哪些？
7. RIB 公司主要有哪些软件产品？
8. 天宝公司主要有哪些产品？

9. 2016 年新版 Tekla StructuralDesigner 有哪些新功能？

10. Autodesk Vault 主要解决哪些问题？

11. BENTLEY ProjectWise 系统主要包括哪些核心功能？

参考文献

[1] http：//www. chinabim. com/c/2016-02-17/541168. shtml.

[2] http：//www. chinabim. com/corp/software/glodonbim/.

[3] 鲁班公司官方网站 http：//www. lubansoft. com/.

[4] 广联达公司官方网站 http：//www. glodon. com/.

[5] http：//www. rib-software. com/cn/landingpage/rib-itwo. html.

[6] http：//www. vicosoftware. com/products/Vico-Office/tabid/85286/Default. aspx.

[7] http：//www. gehrytechnologies. com/en-us/.

[8] http：//www. tekla. com/.

[9] http：//www. autodesk. com. cn/products/vault-family/overview.

[10] http：//news. zhulong. com/read/detail211277. html.

[11] 朱宁克，丁延辉，邹越 . Autodesk Revit Architecture 2010 建筑设计速成 [M]. 北京：化学工业出版社，2010.

[12] Autodesk lnc，柏慕培训 . Autodesk Revit MEP 管线综合设计应用 [M]. 北京：电子工业出版社，2011.

[13] 汤众，栾容，刘列辉等 . MicroStation 工程师设计应用教程（制图篇）[M]. 北京：中国建筑工业出版社，2008.

[14] 欧特克公司官方网站 http：//www. autodesk. com. cn.

[15] 奔特力公司官方网站 https：//www. bentley. com.

[16] GRAPHISOFT 公司官方网站 http：//www. graphisoft. cn/.

[17] 达索公司官方网站 http：//www. 3ds. com.

[18] 艾三维软件官方网址 http：//www. i3vsoft. com.

[19] 曹现刚 . CATIA V5 基础篇 [M]，北京：化学工业出版社，2007.

第3章　BIM的相关标准

本章学习要点：

了解英国公共部门建设行业协会（Construction Industry Council，CIC）为应对英国政府2016年的目标而颁布的BIM指导方针，了解美国总务管理局（GSA）正式出版的BIM指南系列，了解住房和城乡建设部于2012年将BIM标准为国家标准制定项目所包括的几个层次，掌握COBie标准。

3.1　发达国家与地区的BIM标准

下面以在BIM标准方面走在世界前列的欧洲与美国作为发达国家与地区的代表进行介绍。

3.1.1　欧洲的BIM标准

目前欧洲有近40部BIM标准，其中20部（超过一半）来自英国，一半的BIM标准在网上找不到、没有公布或没有使用英语，如表3-1所示。它们中的大多数包含建模方法和组件表示样式来便于有效地使用BIM数据和模型。与美国相比，到目前为止欧洲没有发布单独的项目实施计划以及模型发展程度文件。为了进行更有效的行业指导，更多的BIM技术指南将被制定。

英国是在BIM方面领先的国家之一，并且在采用BIM方面有着宏伟的目标。基于BSI（British Standards Institution，英国标准学会）BIM策略的英国计划是目前世界上最雄心勃勃的计划。对于英国的公共部门来说，建设行业协会（Construction Industry Council，CIC）和BIM工作组（BIM Task Group）针对英国政府2016年的目标共同制定了一些BIM指南。在BIM工作组的技术支持与领导下，建设行业协会在2013年起草了2个BIM文件。第一个文件，即BIM协议v1，确定了项目团队在所有的常见建设合同中应该满足的BIM需求[1]。第二个文件，也就是使用BIM的职业责任保险的最佳实践指南v1，总结了在BIM项目中专业责任承保人将面临的主要风险[2]。

此外，如英国标准学会（BSI）和AEC（UK）委员会等英国的许多非营利组织发布了一些BIM标准。2007年以来，BSI B/555委员会发布了几个标准来阐述建筑行业的数字定义和生命期信息交换，如表3-1所示。例如，PAS 1192-2：2013详细说明了在项目的资本/交付阶段支持BIM Level 2的信息管理过程，而PAS 1192-3：2014侧重于资产的运营阶段[3]。此外，一个称作B/555路线图的成熟度模型也被用来阐明几个标准以及他们的关系。另外，BSI与建设项目信息委员会（Construction Project Information Committee，CPIC）在2010年共同发布的《建筑信息管理-BS 1192的标准框架与指南》也包括在上述成熟度模型中[4]。2009年，AEC（UK）委员会发布了BIM标准的第一版，接下来在2012年发布了BIM协议2.0版。自从2012年以来，AEC（UK）委员会为不同的软件平台开发了BIM协议，包括Autodesk Revit[5]，Bentley AECOsim Building Designer[6]和Graphisoft ArchiCAD[7]。

表3-1 欧洲BIM标准

时间	国家/组织	BIM标准	英文名称	中文名称	备注
2007	Denmark, Byggestyrelsen	3D CAD Manual 2006	3D CAD Manual 2006	3D CAD 手册2006	Not Found
2007	Denmark, Byggestyrelsen	3D Working Method 2006	3D Working Method 2006	3D工作方法2006	Not Found
2007	Denmark, Byggestyrelsen	3D CAD Project Agreement 2006	3D CAD Project Agreement 2006	3D CAD项目协议2006	Not Found
2007	Denmark, Byggestyrelsen	Layer and Object Structures 2006	Layer and Object Structures 2006	层次和对象结构2006	Not Found
2007	UK,BSI	BSI 1192:2007	Collaborative production of architectural, engineering and construction information-Code of practice	建筑工程和结构信息相结合的产品——实施规程	结合数据和程序的标准，适用于级别0和1。文件包含了以下关键信息：公用数据环境（CDE）的标准的过程和结构；标准的文件命名约定；标准的集合命名约定；标准的状态码约定；标准的适用性描述约定
2008	Norway, Statsbygg	BIM Manual v1.0	BIM Manual v1.0	BIM手册v1.0	非英文
2009	Sweden, SSI	Bygghandlingar 90	Bygghandlingar 90		Not Found
2009	Norway, Statsbygg	BIM Manual v1.1	BIM Manual v1.1	BIM手册v1.1	非英文
2009	UK,AEC	BIM Standard v1.0	a practical & pragmatic BIM standard for the Architectural, Engineering and Construction industry in the UK	英国建筑、工程和施工行业实用BIM标准	Not Found
2010	UK,BSI/CPIC	Building Information Management-A Standard Framework and Guide to BS 1192	Building Information Management-A Standard Framework and Guide to BS 1192	建筑信息管理—一个对BS 1192的标准框架和指导	Not Found
2011	Norway, Statsbygg	BIM Manual v1.2	BIM Manual v1.2	BIM手册v1.2	提供了有关BIM要求和BIM在各个建筑阶段的参考用途的信息。内容概括如下：提供了BIM要求、用语、定义的一些规范；发布了BIM在建筑业的不同用途，如设计、施工和设施管理；提供了不同范畴的BIM模型标准；提供了不同种类的Statsbygg项目的模型细致程度（LOD）要求；提供了一份BIM要求表格，让不同的项目阶段在运用BIM时，能更容易的管理

续表

时间	国家/组织	BIM 标准	英文名称	中文名称	备注
2011	Norway, Norwegian Home Builders' Association	BIM Manual v1	BIM Manual v1	BIM 手册 v1	Not Found
2011	UK, BSI	BS 8541-2	library objects for architecture, engineering and construction-part2: recommended 2D symbols of building elements for use in building information modeling	建筑、工程和施工的库对象——第二部分：BIM 中推荐使用的 2D 建筑元素图标	2D 建筑信息，主要目标在级别 1。该文件包括一组用于创建绘图输出时要用到的 2D 图标。对于不参与绘图工作的人员，文件作用不大。并且，该文件只出现在了 Level 1，BIM Level 2 并未指出其必要性
2012	Finland, Senate Properties et al	Common BIM Requirements 2012 v1	Common BIM Requirements 2012 v1	通用 BIM 要求 2012 v1	Not Found
2012	UK, BSI	BS 8541-1	Library objects for architecture, engineering and construction——Part 1: Identification and classification——Code of practice	建筑、工程和施工的库对象——第 1 部分：识别和分类——实施规程	对象库的定义和分类，用于级别 0 到级别 3
2012	UK, BSI	BS 8541-3	Library objects for architecture, engineering and construction——Part 3: Shape and measurement——Code of practice	建筑、工程和施工的库对象——第 3 部分：形状与测量——实施规程	细节层次的 3D 符号，主要在级别 1 到 2
2012	UK, BSI	BS 8541-4	Library objects for architecture, engineering and construction——Part 4: Attributes for specification and assessment——Code of practice	建筑、工程和施工的库对象——第 4 部分：规格和评估属性——实施规程	规范和模拟的属性，目标在级别 2 到 3
2012	UK, AEC	BIM Protocol v2	BIM Protocol v2	BIM 协议 v2	Not Found
2012	UK, AEC	BIM Protocol v2 for Autodesk Revit v2	BIM Protocol v2 for Autodesk Revit v2	面向 Autodesk Revit 的 BIM 协议 v2	Not Found
2012	UK, AEC	BIM Protocol v2 for Bentley AECOsim Building Designer v2	BIM Protocol v2 for Bentley AECOsim Building Designer v2	面向 Bentley AECOsim 建筑设计师 v2 的 BIM 协议	Not Found
2012	Netherlands, Rijksgebouwendienst	Rgd BIM Norm v1	Rgd BIM Norm v1	Rgd BIM 规范 v1	Not Found

续表

时间	国家/组织	BIM 标准	英文名称	中文名称	备注
2012	Norway, Norwegian Home Builders' Association	BIM manual v2	BIM manual v2	BIM 手册 v2	Not Found
2013	UK, BSI	PAS 1192-2	Specification for information management for the capital/delivery phase of construction projects using building information modelling	信息管理建设项目的资本/交付阶段使用建筑信息模型的规范	资金交付阶段，政府 level2 目标的早期文件。专门以加强工程交付管理及财务管理为目标，其主要目的是为了在总体上减少公共部门建设近20%～30%的费用支出
2013	UK, CIC	Best Practice Guide for Professional Indemnity Insurance When Using BIMs v1	Best Practice Guide for Professional Indemnity Insurance When Using BIMs v1	使用 BIM 的职业赔偿保险的最佳实践指南 v1	总结了在 BIM 项目中专业赔偿承保人将面临的关键风险
2013	UK, CIC	Building Information Model (BIM) Protocol v1	Building Information Model (BIM) Protocol v1	建筑信息模型协议 v1	Not Found
2013	UK, AEC	BIM Protocol v2 for GraphisoftArchi CAD v1	BIM Protocol v2 for Graphisoft ArchiCAD v1	面向 Graphisoft ArchiCAD v1 的 BIM 协议 v2	Not Found
2013	UK, CIC	Outline Scope of Services for the Role of Information Management v1	Outline Scope of Services for the Role of Information Management v1	信息管理角色的服务范围概要 v1	Not Found
2013	Finland, Finnish Concrete Association	BIM guidelines for concrete structures	BIM guidelines for concrete structures	混凝土结构的 BIM 指南	未颁布
2013	Norway, Statsbygg	BIM Manual v1. 2. 1	BIM Manual v1. 2. 1	BIM 手册 v1. 2. 1	它包含 Statsbygg 的一般要求以及在项目和设备中对 BIM 的特定需求，且定位为挪威建筑领域应用 BIM 的最佳实践
2013	Netherlands, Rijksgebouwendienst	Rgd BIM Norm v1. 1	Rgd BIM Norm v1. 1	Rgd BIM 规范 v1. 1	Not Found
2014	UK, BSI	PAS 1192-3	Specification for information management for the operational phase of assets using building information modelling	使用建筑信息模型设置信息管理运营阶段的规范	资产信息模型的使用和维护，政府 level2 目标的早期文件
2014	UK, BSI	BS 1192-4	Collaborative production of information Part 4: Fulfilling employers information exchange requirements using COBie- Code of practice	信息的协作产品——第 4 部分：使用 COBie 完整雇主信息的交换要求-实施规程	在政府试点项目中 COBie 实施的最佳时间规范。定义了一个国际通用的信息交换框架来交换雇主和供应链之间的设备信息

续表

时间	国家/组织	BIM 标准	英文名称	中文名称	备注
2015	UK，BSI	BS 7000-4	Design management systems-part4：Guide to managing design in construction	设计管理系统-第四部分：建筑设计管理指南	该文件的主要内容有： 设计管理框架，包括：设计团队的组建和管理、责任、概要拟定、项目规划、流程规划、编程、分类、项目沟通、客户/雇主成本等； 设计资源管理，包括：人力资源、创新和价值管理、技术信息、手册、CAD 和 BIM 的提供、记录管理、技术装备、采购设计、测量等服务、数据读取要求、知识产权和版权等； 设计流程管理，包括：设计纲要、设计平台、流程验证、设计数据控制、施工中的设计、施工中监管、测试、完成、用后评价和设计管理评价等
2015	UK，BSI	PAS 1192-5	Specification for security-minded building information modelling，digital built environments and smart asset management	考虑信息安全的建筑信息模型，数字化建筑环境和优化资产管理的规范	Not Found
2015	UK，BSI	BS 8536-1	Briefing for design and construction. Code of practice	设计施工概述-实施规程	Not Found

3.1.2 美国的 BIM 标准

BIM 技术在美国的研究与应用起步较早，与其他国家相比美国在采用 BIM 方面最大的差别是许多不同层次的公共部门，从全国性组织到公立大学，都对 BIM 实施发挥了作用。为了更加有效地实施 BIM，美国不同层次的公共部门已经发布了各种 BIM 标准（如表 3-2 所示）。截止到 2015 年，美国公共部门已经制定了 47 份公开可用的 BIM 标准。其中，17 个来自于政府机构，另外 30 个则来自于非营利性组织。其中大多数的标准涵盖项目执行计划（Project Execution Plan，PEP）、建模方法、组件表示样式和数据组织四种类型的信息。美国不同标准最大的差距体现在细节层次的分类方面。大约一半的标准不提供每个模型应该满足的图形尺度方面的具体信息，另外还有一些标准，比如由宾夕法尼亚州立大学（PSU）和总承包商协会（AGC）发布的标准，其中包含了所有上述四种类型的信息。下面具体描述不同层次公共部门制定的 BIM 标准，其中包括国家层次、州层次、城市层次和公立大学层次的 BIM 标准。

表 3-2　美国 BIM 标准

年份	单位机构	BIM 标准(英文)	BIM 标准(中文翻译)	相关描述
2007	国家建筑科学研究院(NIBS)	NBIMS v1.0	国家 BIM 标准 1.0	提供了工程执行方案,建模方法以及组件表示样式和数据组织
2007	国家标准与技术研究院(NIST)	General Buildings Information Handover Guide	通用 BIM 信息移交指南	提供了建模方法以及组件表示样式和数据组织
2007	美国总务管理局(GSA)	BIM Guide Series 01 v0.6	BIM 标准系列 1v0.6	概述
2007	美国总务管理局(GSA)	BIM Guide Series 02 v0.6	BIM 标准系列 2v0.6	空间验证
2007	美国建筑师学会(AIA)	Document E201™-2007, Digital Data Protocol Exhibit	E201™-2007 文件,数字数据陈列	提供工程执行方案参考
2007	美国建筑师学会(AIA)	Document C106™ — 2007 Digital Data Licensing Agreement	C106™-2007 文件,数字数据许可协议	
2008	美国建筑师学会(AIA)	Document E202-2008 BIM protocol exhibit	E202-2008 文件,BIM 协议陈列	提供建模方法,模型细致程度,组件表示样式和数据组织
2008	总承包商协会(AGC)	The Contractor's Guide to BIM v1	BIM 承包商指南 v1.0	提供了工程执行方案,建模方法以及模型细致程度
2009	威斯康星州	BIM Guidelines and Standards for Architects and Engineers	建筑工程 BIM 指南	提供了建模方法以及组件表示样式和数据组织
2009	宾夕法尼亚州立大学(PSU)	BIM PEP Guide v0.1	BIM 工程执行指南 v0.1	提供了工程执行方案,建模方法
2009	宾夕法尼亚州立大学(PSU)	BIM PEP Guide v0.2	BIM 工程执行指南 v0.2	改进了 0.1 工程执行方案,建模方法
2009	宾夕法尼亚州立大学(PSU)	BIM PEP Guide v1.0	BIM 工程执行指南 v1.0	改进了 0.2 工程执行方案,建模方法
2009	美国总务管理局(GSA)	BIM Guide Series 03 v1.0	BIM 标准系列 3v1.0	提供 3D 成像服务准则与评价标准
2009	美国总务管理局(GSA)	BIM Guide Series 04 v1.0	BIM 标准系列 4v1.0	实现 4D 建模
2009	美国总务管理局(GSA)	BIM Guide Series 05 v1.0	BIM 标准系列 5v1.0	BIM 能量分析
2010	退伍军人事务部(VA)	The VA BIM Guide v1.0	VA BIM 指南 1.0	比较全面
2010	宾夕法尼亚州立大学(PSU)	BIM PEP Guide v2.0	BIM 工程执行指南 v2.0	提供了工程执行方案和建模方法
2010	总承包商协会(AGC)	The Contractor's Guide to BIM v2	BIM 承包商指南 v2	缺少组件表示样式和数据组织形式

续表

年份	单位机构	BIM标准(英文)	BIM标准(中文翻译)	相关描述
2011	宾夕法尼亚州立大学(PSU)	BIM PEP Guide v2.1	BIM工程执行指南v2.1	提供了工程执行方案和建模方法
2011	美国总务管理局(GSA)	BIM Guide Series 08 v1.0	BIM指南系列8v1.0	提供了工程执行方案,建模方法以及组件表示样式和数据组织,但缺少模型细致程度
2011	俄亥俄州	State of Ohio BIM Protocol	俄亥俄州BIM协议	缺少模型细致程度
2012	国家建筑科学研究院(NIBS)	NBIMS v2.0	国家BIM标准2.0	缺少组件表示样式和数据组织和模型细致程度
2012	宾夕法尼亚州立大学(PSU)	BIM Planning Guide for Facility Owners v1.0	BIM设施所有者规划指南v1.0	介绍比较全面
2012	宾夕法尼亚州立大学(PSU)	BIM Planning Guide for Facility Owners v1.01	BIM设施所有者规划指南v1.01	对v1.0进行修改完善,介绍比较全面
2012	宾夕法尼亚州立大学(PSU)	BIM Planning Guide for Facility Owners v1.02	BIM设施所有者规划指南v1.02	对v1.01进行修改完善,介绍比较全面
2013	宾夕法尼亚州立大学(PSU)	BIM Planning Guide for Facility Owners v2.0	BIM设施所有者规划指南v2.0	对v1.02进行修改完善,介绍比较全面
2013	宾夕法尼亚州立大学(PSU)	The Uses of BIM v0.9	BIM用户手册v0.9	介绍了建模方法
2013	美国建筑师学会(AIA)	Document E203™-2013, BIM and Digital Data Exhibit	文档E203™-2013年,BIM数字数据展览	提供了组件表示样式和数据组织
2013	美国建筑师学会(AIA)	Document G201™—2013, Project Digital Data Protocol Form	项目文档G201™-2013,数字数据协议形式	提供了组件表示样式和数据组织
2013	美国建筑师学会(AIA)	Document G202™—2013, Project BIM Protocol Form	文档G202™-2013项目BIM协议形式	提供了模型细致程度
2013	美国建筑师学会(AIA)	Guide, Instructions and Commentary to the 2013 AIA Digital Practice Documents	指南和评价2013美国建筑师学会的数字实践文档	提供了模型细致程度以及组件表示样式和数据组织
2013	总承包商协会(AGC)	Level of Development Specification v2013	发展规范文档v2013	缺少实际工程执行方案
2015	总承包商协会(AGC)	Level of Development Specification v2015 (draft)	发展规范文档v2015	对v2013进行修改
2015	国家建筑科学研究院(NIBS)	NBIMS v3.0	国家BIM标准3.3	鼓励项目生命期利益相关者进一步的生产实践
未知	美国总务管理局(GSA)	BIM Guide Series 06 v1.0	BIM指南系列6v1.0	只有GSA BIM计划的美国法院设计项目团队才能获得
2016	美国总务管理局(GSA)	BIM Guide Series 07 v1.0	BIM指南系列7v1.0	阐明建筑信息的不同形式,为信息如何产生、更改、维护提供指导以满足多个下游业务流程的使用需求

1. 国家公共部门 BIM 标准/指南

(1) 美国总务管理局（United States General Services Administration，GSA）

GSA 成立于 1949 年，是美国政府的一个独立机构，负责管理各联邦机构的各项事务，包括项目开发、物业管理、建筑维护、环境保护等。为了使自身员工快速了解 BIM 技术并统一企业开发流程，也为了引导行业的发展，GSA 意识到必须制定一个准则。于是在 2003 年 GSA 成立了 3D-4D-BIM 工作组来推进 3D-4D-BIM 在 GSA 和美国的发展。根据试点项目的 BIM 使用与管理经验，3D-4D-BIM 工作组整理并发布了供内部及整个行业参考的《3D-4D-BIM 指导手册》。从 2007 年开始，GSA 所有的项目都必须按照《3D-4D-BIM 指导手册》来执行。

GSA 根据 BIM 在建筑开发过程不同阶段的使用特点，将 3D-4D-BIM 指南系列分成 8 个部分：总览，空间检验，3D 激光扫描，4D 进度，能源性能，流通与安全检验，建筑元素，设施管理，每个部分是独立的但又是相关的[8]。

系列 01-总览（version 0.6，2007 年），是一个作为支持 BIM 技术的介绍性文档来支持 GSA 项目利益相关者的 BIM 实践。

系列 02-空间检验（version 2.0，2015 年），侧重点是让设计准确高效地满足 GSA 规范上的空间要求，描述了支持更有效地使用 BIM 技术的工具、流程和要求。

系列 03-3D 激光扫描（version 1.0，2009 年），详细阐述 GSA 对已有建筑的 3D 扫描模型和竣工 3D 扫描模型的要求及模型应用要求，并提供 3D 激光扫描服务准则与评价标准。

系列 04-4D 进度（version 1.0，2009 年），介绍了工具和过程来探讨时间相关信息如何影响项目开发以及 4D 建模的潜在效益。

系列 05-能源性能（version 2.1，2015 年），鼓励 GSA 项目团队采用基于 BIM 的能源建模，目的是帮助 GSA 项目团队规划与开发 BIM 实施计划。

系列 06-流通与安全检验，关注于 BIM 如何能够被用来帮助设计决策来保证所提出的设计满足流通需求。

系列 07-建筑元素（version 1.0，2016 年），通过搜集与集成在 BIM 中使用的建筑元素的需求来扩展所有以前制定的 BIM 指南。

系列 08-设施管理（version 1.0，2011 年），目的是借助于全生命期设施数据来为客户提供安全的、健康的、有效的工作环境，它提供了 BIM 设施管理和 BIM 模型应满足国家最低限度的技术要求。

(2) 国家建筑科学研究院（National Institute of Building Sciences，NIBS）

NIBS 是一个非盈利的非政府组织，buildingSMART 联盟（buildingSMART alliance，bSa）是 NIBS 在信息资源和技术领域的一个专业委员会，同时也是 buildingSMART 国际（buildingSMART International，bSI）的北美分会。buildingSMART 国际于 2008 年由 IAI（International Alliance for Interoperability，国际协同联盟）改名而来以更好地反映这个组织的本质与目标，而 IAI 于 1996 年由来自北美、欧洲以及亚洲的代表在伦敦成立，IAI 建立了一个国际委员会来协调国际标准的开发。bSa 下属的美国国家 BIM 标准项目委员会（the National Building Information Model Standard Project Committee-United States，NBIMS-US）专门负责美国国家 BIM 标准（National Building Information Model Standard，NBIMS）的研究与制定。2007 年 NBIMS-

US 发布了 NBIMS 的第一版的第一部分，这是一个指导性文件，包括对整个标准、制定方法和使用目的的概念性描述。2012 年 NBIMS-US 与 buildingSMART 共同发布了 NBIMS 第二版。NBIMS 第二版的编写过程采用了一个开放投稿（各专业 BIM 标准）、民主投票决定标准的内容（Open Consensus Process），因此也被称为是第一份基于共识的 BIM 标准[9,10]。NBIMS 第二版是一个更技术性的标准，包括三种类型的内容：导则与应用、信息交换标准、参考标准。2015 年 NBIMS-US 正式发布了 NBIMS 的第三版-通过开放与可交互的信息交换改造建筑供应链，这个版本按照 ISO/IEC Directives 的第二部分：构建与起草国际标准的规则进行了广泛的修订与组织，目的是鼓励建筑师、工程师、承包商、业主与运营商团队成员在项目生命期内进一步的生产实践。内容包括参考标准、术语与定义、信息交换标准、实践文档等。

NIBS 批准的另外一个重要的标准是 COBie（Construction Operations Building Information Exchange，施工运营建筑信息交换）。COBie 是关于在项目全生命期中设施经理所需要的信息的捕获与交付的信息交换规范。COBie 可以在设计、施工与维护软件以及简单的电子表格中查看，使得 COBie 可以在所有的项目中使用而不必考虑项目的规模与技术复杂性。COBie 被 NIBS 批准作为 NBIMS 第二版的一部分。COBie 是由美国陆军工程兵团（United States Army Corps of Engineers）的 Bill East 于 2007 年所设计。在 2014 年英国在 BS 1192-4：2014 标准中发布了关于 COBie 的实务守则。

（3）美国建筑师学会（American Institute of Architects，AIA）

为了对建筑业如何使用 BIM 和其他数据提供指导，美国建筑师学会在 2007 年发表了第一个数字数据文件。它包含两个文件，E201-2007 数字数据协议展示（Digital Data Protocol Exhibit）和 C106-2007 数字数据许可协议（Digital Data Licensing Agreement）。E201-2007 是各方协议的一个附件，定义了各方关于数字数据交换应遵循的程序。C106-2007 已经更新到了 C106-2013，它是双方间的一个单独的协议，用于数字数据传输方授予接受方使用数字数据的许可。随着 BIM 的应用越来越广泛，AIA 于 2008 年发布了 E202-2008 建筑信息建模协议展示，建立了 BIM 需求与应用的五个发展程度（levels of development，LOD）。在 2013 年，AIA 更新了数字实践文件，其中包括 E203-2013 建设信息建模和数字数据展示、G201-2013 项目数字数据协议表格、G202-2013 项目建筑信息模型协议表格。同时 AIA 也针对 2013 AIA 数字实践文档发布了指南、说明和注释来对如何使用这些文件提供指导。政府部门 BIM 标准的发展如图 3-1 所示[11]。

（4）其他公共部门

退伍军人事务部（The Department of Veterans Affairs，VA）和其他两个非营利组织，国家标准与技术研究院（National Institute of Standards and Technology，NIST）和总承包商协会（Association of General Contractors，AGC），也各自出版了 BIM 指南。《VA BIM 指南 v1.0》是一个面向项目的 BIM 指南。它定义了退伍军人事务部的建筑信息生命期愿景并介绍了 BIM 管理计划与建模方法。在 2007 年，NIST 确定了建筑行业各方间对于信息移交指南的需求，因此发布了《一般建筑物信息移交指南：原则、方法与案例研究》。《一般建筑物信息移交指南：原则、方法与案例研究》对技术概念、定义以及建模方法提供了基本的指导。这个指南也介绍了使用先进的 BIM 技术以及相应的信息移交的六个案例研究。AGC 2010 年发布的《承包商 BIM 指南版本 1》旨在帮助承包商了解如何开始使用 BIM 技术。同年，AGC 发布了 BIM 指南第二版。作为 AGC 的一个论坛并致力

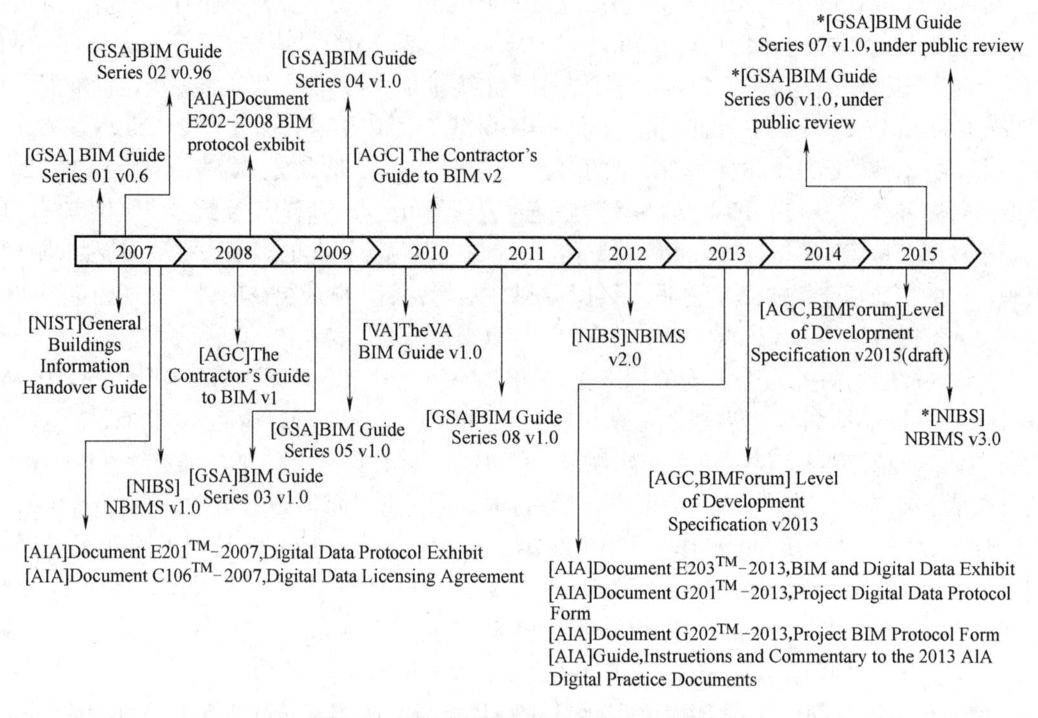

图 3-1 美国政府部门 BIM 标准的发展图

于在 AEC 行业采用虚拟设计和建造，BIMForum 于 2013 年发布了第一个 BIM 标准，被称为模型发展程度（LOD）规范 2013 版。2015 年 4 月底，LOD 2015 草案版本被发布以征集公众意见。模型发展程度规范是在与 AIA 达成协议的基础上制定的，并且使用了 AIA 文件 G202-2013 建设文档信息建模协议表格中的基本的模型发展程度定义。

2. 州和市的 BIM 标准/指南

在 2009 年年中，威斯康星州设施发展司发布了建筑师与工程师的 BIM 指南与标准。两年后，俄亥俄州发布了 BIM 协议来作为 BIM 应用的基础并为本州的 BIM 实施提供支持。在 2013 年年中，田纳西州的州建筑师办公室发布了 BIM 需求第一版用于本州建设项目的 BIM 一致管理。它包含使用 BIM 的一般原则和义务、BIM 需求、需求细节、设计师与承包商的 BIM 使用方法，还包括 2 个供设计师与承包商使用的应用于能源分析的 BIM 模型准备指南、对设计师和承包商的要求的 BIM 执行计划大纲。除此之外，美国的一些城市政府也参与了 BIM 指南的起草和发布。纽约公众部门对于 BIM 的应用非常关注。纽约设计施工部于 2012 年 7 月发布了全市范围内的 BIM 指南，然后在一年后补充了具体的项目交付指南。在 2013 年，越来越多的公共组织在纽约或者纽约学校建设管理局和纽约屋宇署发布了自己的 BIM 指南。美国州和市 BIM 标准/指南发布情况如图 3-2 所示。

3. 美国大学的 BIM 标准/指南

美国的公立大学从 2009 年开始就发布自己的 BIM 标准。截止到 2013 年，公立大学已经发布了 15 部 BIM 标准。例如，作为一个 buildingSMART 项目，宾夕法尼亚州立大学（PSU）从 2009 年以来发布了几部 BIM 标准，如图 3-3 所示，PSU 起草了几个版本的 BIM 项目实施计划指南（BIM PEP 指南）并且于 2011 年 5 月正式发布了 BIM PEP 2.1

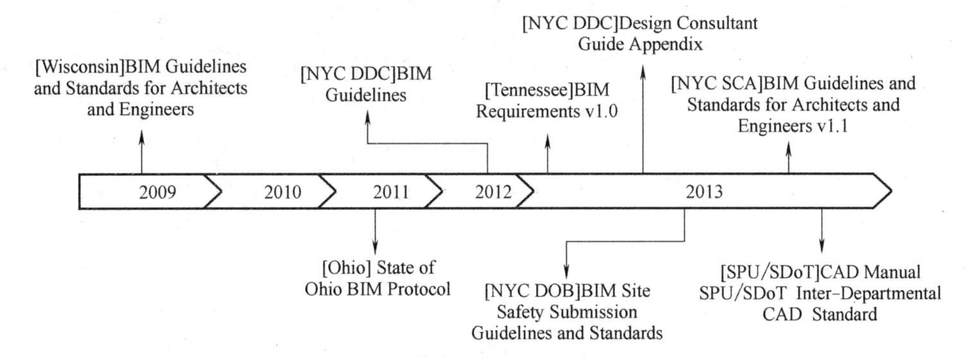

图 3-2 美国州和市 BIM 指南的发布

指南。BIM PEP 2.1 指南可以被视为一个战略性指导，为项目团队提供了一种实用方法来设计 BIM 战略以及开发他们自己的 BIM 项目实施计划。在 2012 年宾夕法尼亚州立大学开始起草用于设施业主的 BIM 计划指南的 4 个版本，并于 2013 年出版了最新的版本 BIM PEP 2.0。这本指南介绍了在组织内有效地集成 BIM 的三个规划过程，包括战略、实施与采购规划。在 2013 年 PSU 发布了 BIM 使用指南的第一版，它提供了一个 BIM 应用分类的体系。如图 3-3 所示，洛杉矶社区学院区（LACCD）于 2010 年发布了用于设计-建造（Design-Build，DB）模式的 LACCD 建筑信息建模标准（LACCD BIMS）3.0。标准定义了在设计-建造项目的各个阶段的 BIM 模型要求与程序。2012 年印第安纳大学（IU）发布了 IU BIM 准则和标准作为印第安纳大学所有总金额超过 500 万美元以上建设项目的要求。佛罗里达大学为校园小规模的项目起草了 BIM 实施计划作为项目合同的附件。不同于其他学校的 BIM 标准，奥尔巴尼（Albany）大学 2012 年发布的 AECM BIM 指南要求电子提交 BIM 文件，并且包括电子文件提交的相关要求。

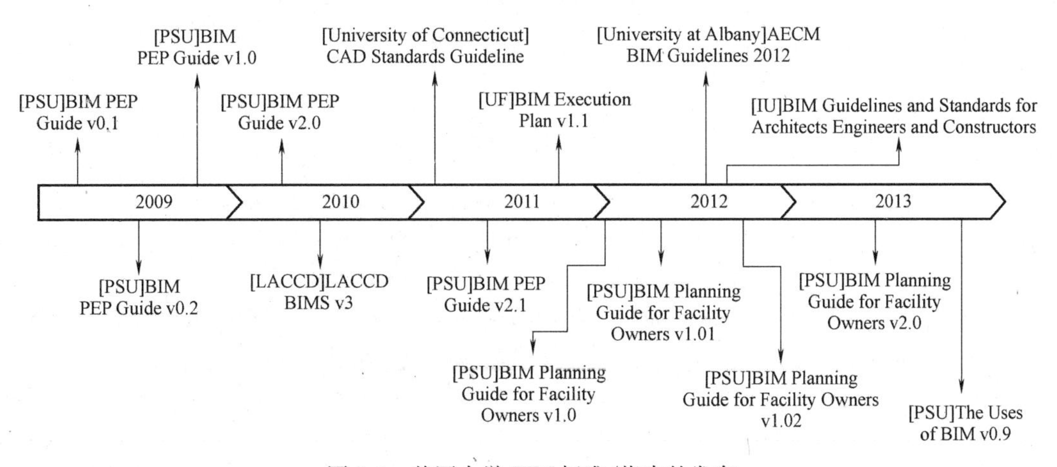

图 3-3 美国大学 BIM 标准/指南的发布

3.2 中国的 BIM 标准

我国 BIM 市场虽然发展很快，但仍处于探索、较低水平阶段，因此应用情况较混乱，没有形成统一的规范，BIM 标准的建立已成为我国 BIM 应用发展面临的迫切问题。BIM

涉及的标准非常多，从一开始的规划设计到最后的运营管理，每个环节都有不同的交付标准，如何统一各环节的交换和交付标准成为 BIM 能否在我国得到广泛应用的关键，因此急需国家级别 BIM 标准的出台。

我国在制定 BIM 标准与政策方面已经取得了很大的进步。2007 年中国建筑标准设计研究院提出了标准《建筑对象数字化定义》JG/T 198—2007，其非等效采用了国际上的 IFC 标准工业基础类 IFC 平台规范，只是对 IFC 进行了一定简化。2008 年，由中国建筑科学研究院、中国标准化研究院等单位共同起草了《工业基础类平台规范》GB /T 25507—2010，等同采用 IFC（ISO/PAS 16739：2005），在技术内容上与其完全保持一致，仅为了将其转化为国家标准，并根据我国国家标准的制定要求，在编写格式上作了一些改动。2010 年清华大学软件学院 BIM 课题组提出了中国建筑信息模型标准框架（China Building In-formation Model Standards，简称 CBIMS）。

住房和城乡建设部于 2012 年将 BIM 标准列为国家标准制定项目，包括三个层次：第一层为最高标准：建筑工程信息模型应用统一标准；第二层为基础数据标准：建筑工程设计信息模型分类和编码标准、建筑工程信息模型存储标准；第三层为执行标准：建筑工程设计信息模型交付标准、制造业工程设计信息模型交付标准。

我国 BIM 标准研究虽起步较晚，但目前已建立了中国 BIM 标准框架体系，5 本国家标准、3 本铁路行业标准和一些地方标准正在编制中，并将于近期正式公布。

思考题：

1. 英国公共部门建设行业协会（Construction Industry Council，CIC）颁布了哪些 BIM 的指导方针以应对英国政府 2016 年的目标？
2. 美国总务管理局（GSA）正式出版的 BIM 指南系列有哪些？
3. 住房和城乡建设部于 2012 年将 BIM 标准为国家标准制定项目，包括哪几个层次？
4. 什么是 COBie 标准？

参考文献

[1] Building Information Model (BIM) Protocol v1，London WC1E 7BT，Construction Industry Council.

[2] Best Practice Guide for Professional Indemnity Insurance When Using Building Information Models first edition，London WC1E 7BT，Construction Industry Council.

[3] PAS 1192-2：2013 Specification for information management for the capital& delivery phase of construction projects using BIM，London W4 4AL，British Standards Institution.

[4] BSI (2010). Building Information Management-A Standard Framework and Guide to BS 1192，London W4 4AL，British Standards Institution.

[5] AEC-UK (2012a). AEC (UK) BIM Protocol for Autodesk Revit Version 2. 0，ACE-UK Committee.

[6] AEC-UK (2012b). AEC (UK) BIM Protocol for Bentley AECOsim Building Designer Version 2. 0，ACE-UK Committee.

[7] AEC-UK (2013). AEC (UK) BIM Protocol for Graphisoft ArchiCAD Version 1. 0，ACE-UK Committee.

[8] General Services Administration (GSA) 3D-4D-BIM Program [EB/OL]. www. gsa. gov/bim.

[9] Mc-Graw Hill，The Business Value of BIM in North America，2012.

[10] Beth A. Brucker, Michael P. Case, et al. Building Information Modeling: A Road Map for Implementation to Support MILCON Transformation and Civil Works Projects within the U. S. Army Corps of Engineers, 2006 [Z].

[11] Cheng J C P, Lu Q. A Review of the Efforts and Roles of the Public Sector for BIM Adoption Worldwide [J]. Barc the City of Houston, 2015. JCP, C. and L. Q. A review of the efforts and roles of the public sector for BIM adoption worldwide. ITcon, 2015, 20: 442-478.

第4章 BIM模型发展程度与成熟度

本章学习要点：

掌握BIM模型发展程度规范，了解英国的BIM成熟度的分级及其各自的含义。

4.1 BIM模型发展程度

当把BIM作为沟通与合作的工具使用时，三维建筑信息模型的建立与管理非常重要，尤其在项目生命期不同阶段对于模型应该包括的几何与其他属性信息以及当项目团队成员使用模型时可以依赖这些信息的程度是关系到BIM应用成功与否的关键问题，因此需要有规范来进行指导。美国建筑师协会（American Institute of Architects，AIA）为了规范BIM参与各方及项目各阶段的界限，于2008年在其E202文档（Building Information Modeling Protocol Exhibit）中采用LOD（Level of Development）来表示BIM模型中的模型元素（Model Element）在项目生命期不同阶段中所被期待的完整程度，并定义了从LOD 100到LOD 500的五种模型发展程度。这里的模型元素是指建筑信息模型的一部分，可以代表一个部件、系统或组件。

为了能更明确对BIM模型的内容与细节的定义，从而有利于BIM模型的交付以及在跨专业与跨生命期各阶段的共同与协同工作，美国总承包商协会（Association of General Contractors，AGC）的BIMForum工作组自从2011年开始便与AIA合作发展LOD规范（LOD Specification），并于2013年正式发布了LOD规范（Level of Development Specification 2013），为了满足跨领域协同的需求，在前述的五种模型发展程度基础上增加了一种，即LOD 350。LOD 350可以视为在LOD 300基础上增加了组装建筑系统或元素所需要的接口信息。2015年又发布了LOD规范的2015版本。BIMForum工作小组于2016年加入了BuildingSMART国际（buildingSMART International，bSI），从而成为BuildingSMART国际在美国的一个分支机构。BuildingSMART国际是通过创新及采纳开放的和国际的标准来驱动建筑环境转型的国际权威机构。BuildingSMART国际的前身——国际数据协同联盟（International Alliance of Interoperability，IAI）的核心工作是开发和维护IFC（Industry Foundation Classes）标准以及OpenBIM标准。

LOD规范是可供建筑业的从业者在设计与施工过程中的各阶段通过高水平的清晰度来详细说明建筑信息模型的内容与可靠性的参考，它允许模型的作者来定义这个模型可以用来做什么，以及允许下游用户清晰地理解他们收到的模型的可用性与限制。

LOD规范的主要目标如下：

（1）帮助包括业主在内的团队详细说明BIM交付物并且对于什么内容会包括在BIM交付物中有一个清晰的认识。

（2）帮助设计经理向团队解释在设计过程中的不同点需要提供的信息与细节，并且跟踪模型的发展情况。

（3）允许下游的用户信赖从其他方收到的模型中的特定的信息。

（4）提供一个可以被承包商和 BIM 实施计划所参考的标准。

下面具体介绍一下上述几种模型的发展程度。

LOD 100：模型元素可以是用符号或者其他通用表示形式图形化表示的，但是不满足 LOD 200 的需求。与模型元素相关的信息可以从其他模型元素得到。LOD 100 元素不是几何表示的，从 LOD 100 得到的任何信息都必须考虑为近似的。

LOD 200：模型元素在模型中被图形化表示为具有近似数量、尺寸、形状、位置和方位的通用系统、对象或者装配件。非图形信息也可以附加到模型元素上。在这个发展阶段元素是通用的占位符。它们可以被识别为它们所表示的成分，或者可以是预留的空间。从 LOD 200 得到的任何信息必须考虑为近似的。

LOD 300：模型元素在模型中被图形化表示为有数量、尺寸、形状、位置和方位的特定系统、对象或装配件。非图形信息也可以被附加到模型元素上。经过设计得到的元素的数量、尺寸、形状、位置和方位可以直接从模型中被度量而不必参考非模型信息。

LOD 400：模型元素在模型中被图形化表示为有数量、尺寸、形状、位置和方位以及细节设计、制造、装配与安装信息的特定的系统、对象或装配件。非图形信息也可以被附加到模型元素上。LOD 400 的元素被建模到充分的详细程度与精度以满足所表示部件的制造需求。经过设计得到的元素的数量、尺寸、形状、位置和方位可以直接从模型中被度量而不必参考非模型信息。

LOD 500：模型元素在数量、尺寸、形状、位置和方位等几方面是经过现场验证过的表示。非图形信息也可以被附加到模型元素上。

需要说明的是，BIMForum 工作组识别出了对 LOD 的新需求，即需要定义充分开发的模型元素以实现不同专业间的协调，比如冲突检测与避免、布局等。这个程度的需求比 LOD 300 高，但比 LOD 400 低，因此这个程度的需求被指定为 LOD 350。

LOD 350：模型元素在模型中被图形化表示为有数量、尺寸、形状、位置、方位以及与其他建筑系统接口的特定的系统、对象或装配件。非图形信息也可以被附加到模型元素上。对于与邻近的或者附属的元素进行协调所必需的部件被建模。这些部件会包括如支撑与连接等项。经过设计得到的元素的数量、尺寸、形状、位置和方位可以直接从模型中被度量而不必参考非模型信息。

为了更清楚地解释上述几种模型发展程度，通过灯具的例子说明如下（由于没有经过现场验证，因此这里没有 LOD 500）：

LOD 100：附加到楼板上的每平方米的成本。

LOD 200：灯具，总体/近似尺寸、形状、位置。

LOD 300：设计指定为 2×4 槽箱式照明设备，明确的尺寸、形状、位置。

LOD 350：实际的模型，Lightolier DPA2G12LS232（Lightolier 为灯具公司的名称，DPA2G12LS232 为灯具的具体型号），明确的尺寸、形状、位置。

LOD 400：LOD 350 基础上加上特定的安装细节，比如在装饰性的底面。

关于 LOD 需要注意经常出现的两个错误认识：第一，没有 LOD ＃＃＃模型这样的东西，在任何阶段的项目模型总是包括各种各样发展程度的元素与构件，不会所有的元素都同时可以或者需要发展到同一个 LOD。第二，LOD 与项目生命期各阶段没有严格的对应关系，建筑系统从概念到精确定义是以不同的速率在发展，因此在任何时间建筑系统中的不同元素会处于其发展过程中的不同的点。比如，在完成方案设计阶段时，模型可能包括很多处于 LOD 200 的元素，但也可能包括许多处于 LOD 100，也包括一些处于 LOD 300，甚至可能处于 LOD 400 的元素。

4.2 BIM 成熟度

英国没有使用美国的模型发展程度（LOD）一词，而是使用了 BIM 成熟度水平来描述各种不同的成熟度。在建立整体共识的做法上，英国制定了简单易懂的发展路线图，将 BIM 应用成熟度分成 4 级（Level 0～Level 3），级别愈高，愈朝向全生命期之后端管理阶段，其整合度与成熟度愈高。

各个级别的含义如下：

Level 0 是指把没有经过管理的二维 CAD 图与纸质文档（或电子纸张）作为最可能的数据交换机制。

Level 1 是指受到管理的 2D 或 3D 格式的 CAD，使用 BS 1192：2007 与协同工具来提供公用数据环境，可能是一些标准数据结构和格式，商务数据由未经整合的独立财务和成本管理包管理。BS 1192：2007 是 BSI（British Standards Institution，英国标准学会）于 2007 年制定的建筑工程和结构信息相结合的产品-实施规程。

Level 2 是指受到管理的 3D 环境，是由不同专业 BIM 工具运用相关数据形成的环境，商业数据由 ERP 管理，在专有的接口或者定制的中间件的基础上进行集成，可以被视为“pBIM”（专有的 BIM）。该方法可以利用 4D 计划数据和 5D 成本元素。它包含着一系列特定领域的模型组合（如建筑、结构、服务等），能够作为一个完整的生态系统来进行数据的存储和共享。到 2016 年前，所有期望获得政府工程项目的建设集团都必须证明自己拥有第二级的 BIM 能力。英国政府要求所有公共部门的项目到 2016 年必须达到 BIM Level 2。

Level 3 是指通过使用 IFC/IFD 形成完全开放的过程和数据集成，由协作模型服务器进行管理，Level 3 可以被视为可能使用并行工程过程的 iBIM 或集成 BIM（integrated BIM）。

作为 2011 年政府建设战略的一部分，随着 BIM Level 2 计划的完成，英国在数字技术的应用方面处于世界领导地位。根据内阁办公室案例研究的记录，Level 2 BIM 计划的交付能够确保节省 20%的资本支出。接下来，Level 3 战略的发展被称为“数字化建造英国”（Digital Built Britain，DBB），将包括跨行业协作，同时重新思考在未来的建筑环境中如何进行采购、交付和运营，以确保满足国家的财政、功能、可持续性和经济增长的目标。

英国最近出台了 Digital Built Britain Level 3 BIM 的策略规划，数字化建造英国战略的愿景是通过以下方法来改变当前基础设施项目的设计和采购：

（1）提供一个平台，通过它很多供应商（包括中小企业）和其他利益相关者可以在对生命期具有充分了解的基础上寻找解决基础设施问题的方法，并且能够投标提供解决方案；

（2）通过挑战现有的咨询顾问、承包商和供应商的角色，改善技术解决方案和降低成本；

（3）基于广泛使用的服务性能数据，为基础设施和资产的设计、交付、运营和改造开发新的商业模式；

（4）为保护国家安全，必须确保在不断增加的数据基础上，落实或构建任何 BIM 项目的设计以及它的持续管理、安全措施和协议，这样可以检测、阻止到威胁，并使危害降低到最小化。

数字化建造英国战略是采取进一步的措施来整合这些技术，改变基础设施开发建设的方法，巩固英国在这些领域的世界领先地位。Level 3 A 在二级模型基础上改进；Level 3 B 启用新技术和系统；Level 3 C 促进新商业模式的发展；Level 3 D 充分利用世界领先地位的优势。这些阶段的关键技术和商业活动如图 4-1 所示。

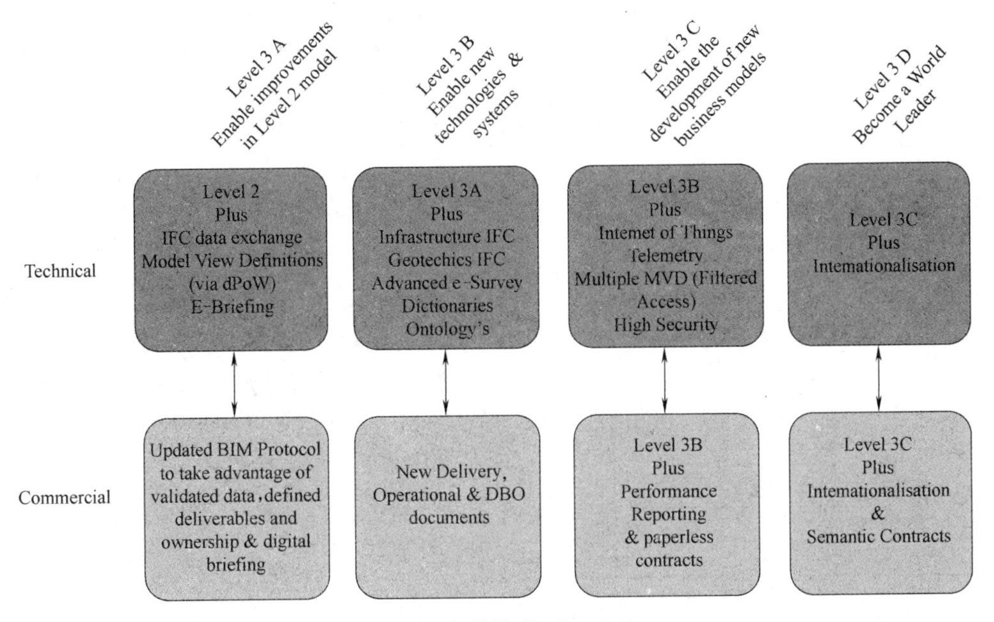

图 4-1　交付模型（level 3）

思考题：

1. BIM 模型发展程度规范是什么？
2. 英国的 BIM 成熟度分几级？各自的含义是什么？

参 考 文 献

[1] Level of Development Specification 2016. BIMFORUM. http：//www. bimforum. org/lod.

[2] Government Construction Strategy，Cabinet Office [EB/OL]. http：//www. cabinetoffice. gov. uk/.

[3] B/555 Roadmap. http：//shop. bsigroup. com/forms/BIM/BIM-reports/Confirmation/.

第5章　BIM的核心技术体系

本章学习要点：

掌握IFC标准结构层次之间信息交流遵循的原则及其优点，掌握IFC的定义，了解IDM及MVD的概念及其信息交换过程中各自的作用，了解在应用BIM过程中IFD的作用。

BIM要支持不同利益相关者在项目生命期内不同阶段的协同，包括插入、提取、更新或修改BIM中的信息来支持与反映该利益相关者的任务。不同利益相关者以及项目生命期内不同阶段都需要多种不同软件的支持才能完成相应的工作，要实现协同就必须使信息能够在利益相关者在项目生命期不同阶段所使用的多种不同软件间自由流动。而开发一个支持项目生命期所有阶段、所有项目利益相关者、所有软件之间进行信息交换的公开的数据标准就成为满足上述要求的最佳解决方案。在此背景下产生了作为BIM核心技术体系的IFC（Industry Foundation Classes，工业基础类）、IFD（International Framework for Dictionaries，国际字典框架）、IDM（Information Delivery Manual，信息交付手册）与MVD（Model View Definition，模型视图定义），如图5-1所示。IFC是数据标准、IFD是术语映射、IDM是过程标准，它们均为国际标准，分别对应ISO 16739、ISO 12006-3、ISO 29481。IFC、IFD与IDM这三种国际标准的具体信息如下：

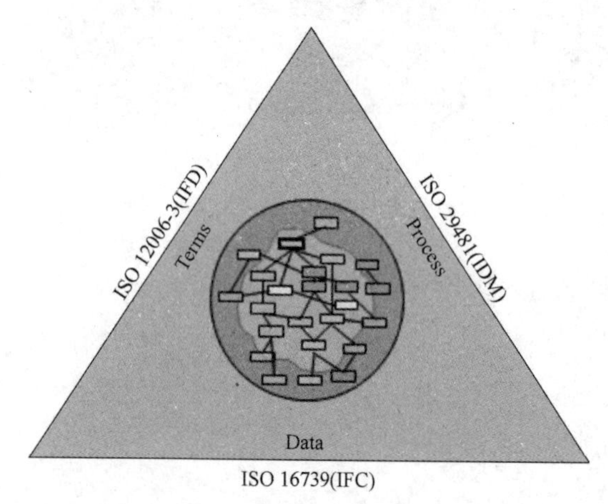

图5-1　IFC、IFD与IDM

（1）ISO 16739：2013，用于建设与设施管理行业数据共享的工业基础类。

（2）ISO 12006-3：2007，建筑施工-建筑工程的信息组织-Part 3：面向对象信息的框架。

（3）ISO 29481实际上包括两个部分，分别为ISO 29481-1：2016与ISO 29481-2：2012：

① ISO 29481-1：2016，建筑信息模型-信息交付手册-Part 1：方法与格式；

② ISO 29481-2：2012，建筑信息模型-信息交付手册-Part 2：交互框架。

5.1　IFC

5.1.1　IFC产生的背景

建设工程是一项复杂的任务，在项目的整个生命期中各个专业的参与方会产生大量的与建设项目相关的重要信息，而这些信息仅用于某一个或某一些参与方。将这些信息在各个参与方之间共享将会大大提高项目的质量和进度，同时优化成本。但是，根据建设行业现有的状况，各专业之间的协同工作水平并不高。各个专业所使用的软件通常也只能满足本专业的功能需求，不能实现平台间的交流和整个生命期的建设信息共享。现阶段，各个专业信息之间的交流和共享主要靠人工转换来实现。然而，由于建设行业庞大的工作量和极高的专业需求，依靠人工转换信息的效率和质量是无法保证的，因此常常会形成“信息孤岛”。在这样的情况下，产生了行业通用的统一的数据交换标准 IFC。

IFC4（曾用名 IFC2x4）是目前 IFC 的最新版本，发布于 2013 年 3 月。与之前的版本相比，新版本主要对 IFC 标准的应用领域、覆盖范围、模型框架进行了大量改进。IFC4 版本中增强了对主要的建筑构件、建筑服务构件和结构构件的描述能力。

5.1.2 IFC 的含义

IFC 是用于建筑施工与设施管理项目的不同参与者所使用的软件之间进行 BIM 数据的交换与共享的开放的国际标准。定义 IFC 的 ISO 16739：2013 详细说明了用于建筑信息模型数据的概念数据模式与交换文件格式。概念数据模式采用 EXPRESS 数据规范化语言进行定义。根据概念模式进行数据交换与共享的标准交换文件格式采用交换结构的明文编码格式。IFC 由数据模式以及参考数据所组成。

IFC 由国际交互性联盟组织（IAI）发布，现在由 buildingSMART 进行管理和维护。buildingSMART 组织的宗旨是：通过智能信息协助建筑环境的可持续发展；设计与施工、公共与私人都可以共享和交流开放的国际标准。

IFC 标准采用 EXPRESS 语言来描述产品数据模型并直观表达给定类、类属性以及类之间的关系。EXPRESS 语言是国际标准 STEP 使用的产品数据表达规范语言。

STEP（Standard for the Exchange of Product Model Data，产品模型数据交互标准）是国际标准化组织（ISO）工业自动化与集成技术委员会（TC 184）下属的产品数据外部表示分会（SC4）制定的描述整个产品生命周期内产品信息的标准，这些信息不仅包括几何信息，也包括制造、检测和商业等信息。STEP 是一个计算机可理解的关于产品数据表达和交换的国际标准。它提供了一种不依赖具体系统的中性机制，旨在实现产品数据的交换和共享。这种描述的性质使得它不仅适合于交换文件，也适合于作为执行和分享产品数据库和存档的基础。它的应用显著降低了产品生命周期内的信息交换成本，提高了产品研发效率。STEP 代号为 ISO 10303。

EXPRESS 信息建模语言（ ISO 10303-11）是 ISO 10303 的核心。EXPRESS 语言提供了一种中性机制，可以与各种编程环境衔接。EXPRESS 语言能够被计算机编译，又能够被人们阅读。在 EXPRESS 语言中把对客观事物进行描述时首先要考虑的各种事物的主体抽象为实体（Entity）。很多事物主体的集合又可以形成更大的概念——模式（Schema），它是对相互联系的一组事物的描述。从结构上来说 EXPRESS 语言的特点之一就是 Schema 和 Entity 的嵌套定义，通过 Schema 和 Entity 的相互引用，把事物的属性及其之间的联系描述清楚。超类（Supertype）、子类（Subtype）反映了 Entity 间的继承关系；Function、Procedure 是对 Entity 属性的描述，Rule、Where 是 Entity 所受的约束和条件。另外还有一些如 identifier、unique、if、then 等的具体语句。

EXPRESS-G 是 ISO 10303-11 中提出的一种与 EXPRESS 语言相对应的产品模型图形描述方法，它采用图形的方法来描述概念与概念之间的关系，具有直观、易于被用户理解的优点。图 5-2 列出了 IFC 标准中的 EXPRESS-G 常用表述符号。

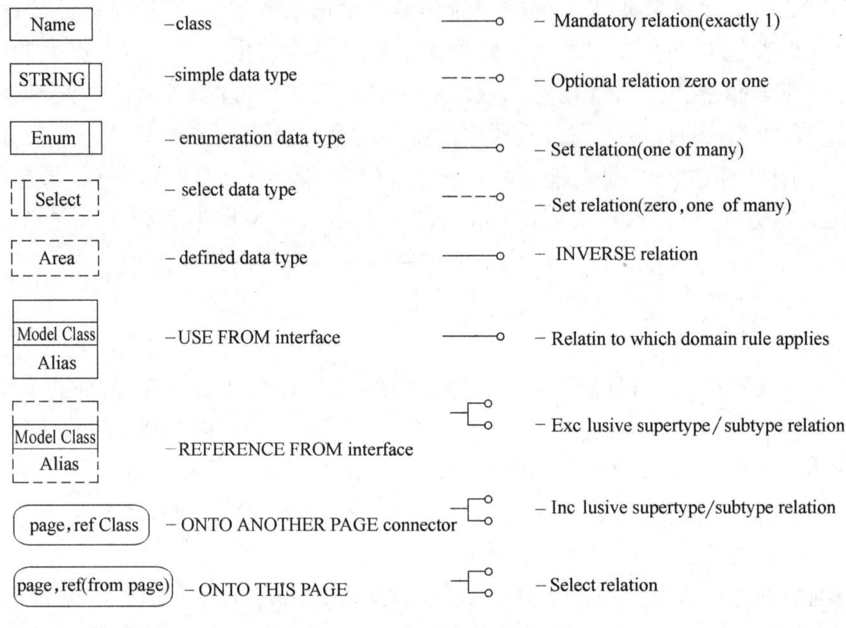

图 5-2　EXPRESS-G 常用符号汇总

随着 Internet 技术的迅速发展和广泛应用，网上 STEP 产品数据共享技术越来越重要。基于 Internet 的产品数据共享不仅要实现产品数据内部信息间的交互与共享，而且要与产品数据外部的信息实现交互与共享，因此需要有一种网上通用的标准语言来实现对 STEP 的表达与描述。为了满足不断增加的网络应用需求，便于软件开发人员和内容创作者在网页上组织信息，保证在通过网络进行交互合作时具有良好的可靠性与互操作性，W3C（World-wide Web Consortium）组织从 1996 年开始设计了可扩展标记语言（eXtensible Markup Language，XML），并于 1998 年 2 月正式成为标准。XML 是网络上的一种通用数据格式，具备了数据描述能力，可进行不同数据格式之间的互操作，完全独立于平台、操作系统、编程语言，因此采用 XML 作为 STEP 的网上表达语言是实现 STEP 产品数据网上描述与识别的有效途径。

IFC 标准中涉及的规范包括：

（1）ISO 10303-11：2004，工业自动化系统与集成-产品数据表示与交换-Part 11：描述方法：EXPRESS 语言参考手册。

（2）ISO 10303-21：2016，工业自动化系统与集成-产品数据表示与交换-Part 21：实施方法：交换结构的明文编码。

（3）ISO 10303-28：2007，工业自动化系统与集成-产品数据表示与交换-Part 28：实施方法：采用 XML 模式的 EXPRESS 模式与数据的 XML 表示。

5.1.3　IFC 标准的结构层次

IFC 标准使用关联的层次结构，由自上而下的领域层、交互层、核心层、资源层四个概念层组成，每个概念层又包含若干子模块。每个子模块又包含了若干不同的实体（ENTITY）、类型（TYPE）、函数（FUNCTION）和规则（RULE）等来描述模型信息。IFC2x4 数据框架和概念层的结构如图 5-3 所示。

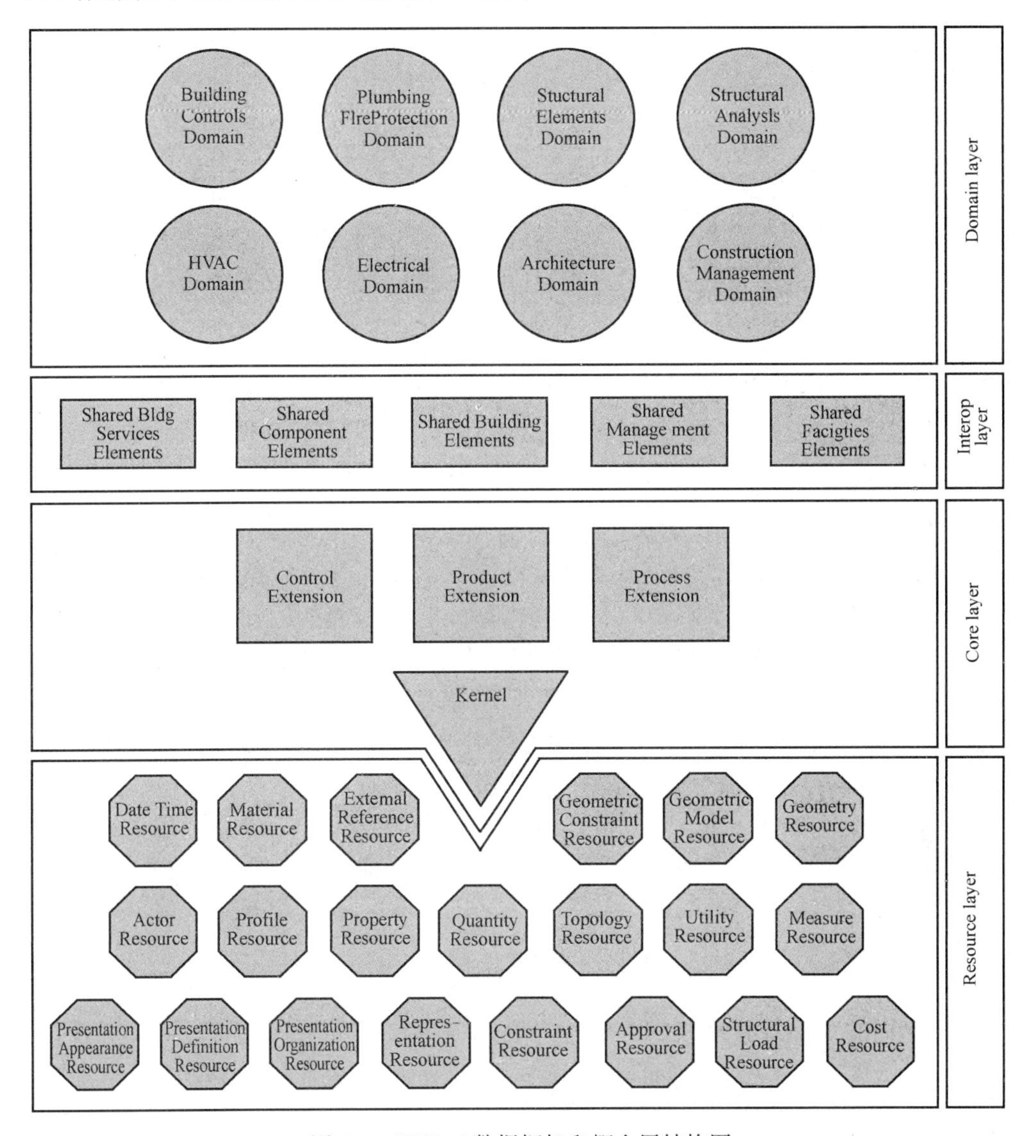

图 5-3　IFC2x4 数据框架和概念层结构图

下面对每个层次包含的内容进行简单叙述。

领域层（Domain Layer）：描述各个专业领域的特有信息，包括一些针对特定专业的特有的产品、过程和资源的实体定义的框架，如建筑、结构要素、给排水、暖通、结构分析、电气、施工管理和设备管理等，深入到各专业领域的内部，将各个领域的信息组成专题。这些信息专门用于领域内信息的交换和共享。

交互层（Interop Layer）：描述各专业领域信息交互的问题，包含一些针对跨越几个专业的一般产品、过程或资源的实体定义，这些定义专门用于跨领域的建设信息的交互共享。在该层次上，各系统的组成元素进一步被细化。

核心层（Core Layer）：描述工程信息整体的框架以及最抽象的概念，与资源层的信息相关联。核心层包括内核以及核心扩展层两部分。内核与资源层相似，其中的概念具有一般性，不具有领域特性。核心层中进一步细分的类是核心扩展层，它包括三部分：控制、过程以及产品的扩展。

资源层（Resource Layer）：描述 IFC 文件中可能用到的最基本的信息，如文档信息、几何信息等，这些信息是整个 IFC 模型的基础，不表示某特定的工程。资源层中不能引用声明在高级层次中的定义。资源层的信息能够被前三个层中所有的类所使用，它是信息的数据描述基础。

以上层次都遵守一个原则：高层次信息可以使用同层次和低层次的资源信息，不能被低层次引用。这样当高层资源变动时，底层那些基础的信息不受影响，这样使所描述的信息相对稳定。

5.1.4 IFC 标准的文件描述

IFC 文件结构格式如下：

（1）以“;”结束每条语句。

（2）每种类的特征属性以及类之间的行为关系都需要用“ENTITY”声明开始，用“END-ENTITY”声明结束。

（3）为实现数据交互，ISO 10303-21：2016，工业自动化系统与集成-产品数据表示与交换-Part 21：实施方法：交换结构的明文编码规定了正文文件的结构，即 STEP 文件包括头段和数据段两个部分，IFC 文件与 STEP 文件一样也包括头段和数据段两个部分。头段给出文件的种类和作者信息，以关键字“HEADER;”表示描述的开始，以“ENDSEC;”表示描述的结束，每个交换文件中要规定头段实体，包括文件描述、文件名、文件模式，并按照这一顺序出现。数据段包括被交换结构传送的产品数据，以关键字“DATA;”开始，以“ENDSEC;”结束。每一个 IFC 文件都应该有头段及数据段。

IFC 文件的储存主要通过 . ifc、. ifcXML、. ifcZIP 三种标准格式来实现，根据应用程序对 IFC 模型信息交换的需求，选择不同的储存格式。

5.2 IDM 与 MVD

5.2.1 IDM

IDM 的全称是 Information Delivery Manual，即信息交付手册。简单来说，IDM 的作用是定义需要交换什么信息。

1. IDM 的产生背景

由上面的描述可知，IFC 提供了一个 AEC/FM 项目信息的全部规范，包含整个工程建设行业所有设施设计、施工、运营所需要的信息，它的目标是满足工程建设行业所有项目类型、所有项目参与方、所有软件产品的信息交换。然而，由于实际应用中真正的信息交换是针对某个具体项目中的某一个或几个工作流程、某一个或几个项目参与方、某一个或几个应用软件之间来进行的，所以既不需要也不可能每一个信息交换都牵扯到 IFC 所有的内容。IDM 的功能就是确定信息交换需要 IFC 里面的哪些内容。

工程建设行业各个领域的专家通过对所有不同类型的工程项目、参与方、项目阶段需要完成的工作及其需要的信息的分析研究和集体努力，开发出了 IFC；从事某一个具体项目、某个具体工作的参与方使用 IDM 定义其工作所需要的信息交换内容，然后利用 IFC 标准格式实施。除了项目参与方以外，BIM 应用软件的开发商也需要 IDM 来定义某一个具体软件能够支持和实现的 IFC 部分（称之为 IFC 的一个视图）。

2. IDM 的含义

定义 IDM 的国际标准 ISO 29481 实际上包括两个部分：ISO 29481-1：2016 与 ISO 29481-2：2012。其中 ISO 29481-1：2016，建筑信息模型-信息交付手册-Part 1：方法与格式，详细说明了一种把在建筑设施的建造过程中所从事的商业过程与这些过程所需要的信息的说明连接起来的方法、一种在建筑工程生命期中映射与描述信息流程的途径，ISO 29481-1：2016 目的是为建筑工程生命期所有阶段所应用的软件之间的交互性提供便利，促进建造过程中参与者之间的数字合作，并且为精确的、可靠的、可重复的及高质量的信息交换提供基础；而 ISO 29481-2：2012，建筑信息模型-信息交付手册-Part 2：交互框架，则详细说明了一种描述在建设项目所有生命期各阶段的参与者之间协调行为的方法与格式，具体来说，它详细说明了描述交互框架的一种方法、一种映射为信息流提供流程上下文的责任与交互的合适的方法、说明交互框架的一种格式，ISO 29481-2：2012 目的是为建造过程所应用的软件之间的交互性提供便利，促进建造过程中参与者之间的数字合作，并且为精确的、可靠的、可重复的及高质量的信息交换提供基础。

3. IDM 的目标

IFC 的目的是支持所有项目阶段的全部业务需求，即项目成员间需要交换或分享的所有信息，但通常要交换的信息是例如暖通空调、工程量等关于某一个特定主题的，信息的详细等级也由特定的项目阶段决定。IDM 的目的就是支持某一个或几个阶段的某一个业务需求，主要任务是确定能够满足该业务要求的 IFC 的具体内容。IDM 捕获并且逐步整合业务流程，同时为履行特定角色的用户在项目的特定的点需要提供的信息提供详细的说明。

图 5-4（来源于 buildingSMART）形象地说明了 IFC 和 IDM 之间的关系。

5.2.2 MVD

1. MVD 的产生背景

为了顺利实施 IFC 标准，BIM 用户、专业人士与软件厂商都意识到有必要在建筑生命期内分不同阶段建立基于特定流程和目的的数据交换。于是提出了模型视图定义（Model View Definition，MVD）的概念。MVD 旨在平衡用户的需求和软件厂商的实施，通过提供精确、可重复利用的视图定义来实现 IDM 标准中要求的交换需求，最终目标是将 IDM 中的交换需求转化成计算机可识别的 IFC 模型文件，在不同的 BIM 软件中得以验证实施。

MVD 的开发工作是公开的，为避免同一 MVD 有不同的表达导致软件厂商的理解不同而阻碍实施，必须提供一套标准来规定 MVD 的标准化表达方法。目前，来自世界各国的学者或组织参与了各类 MVD 的开发工作，每一个 MVD 的开发、认证都是个漫长的过程，MVD 被定义后提交至 buildingSMART 组织，交给各类相关软件厂商进行认证，再

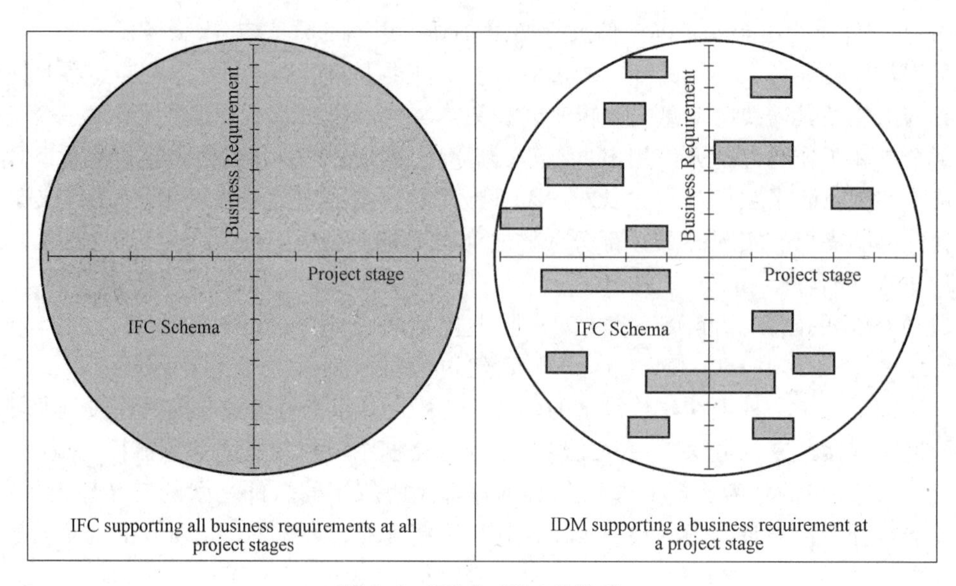

图 5-4　IFC 和 IDM 的关系

反馈回来修改。

2. MVD 的含义

IFC 由数据模式以及参考数据所组成，MVD 定义了在建设项目生命期中支持特定数据交换需求所必需的数据模式以及参考数据的子集。MVD 为所有的在特定的子集中使用的 IFC 概念（类、属性、关系、属性集等）提供了实施指导（或实施协议），因此 MVD 表示了用于实施 IFC 接口来满足交换需求的软件需求说明。定义一个特定的模型视图的目的是支持建筑施工及设施管理行业领域的一个或多个认可的工作流。每个工作流识别出软件应用的数据交换需求。

5.3　IFD

5.3.1　IFD 的产生背景

IFC 是一个包含各种建设项目设计、施工、运营各个阶段所需要的全部信息的一种基于对象的、公开的标准文件交换格式；而 IDM 则为某个特定项目的某一个或几个工作流程确定具体需要交换的信息。项目不同阶段的各类项目成员通过 IDM 确定需要交换的信息，为了完成各自负责的工作，需要从上游借助 IFC 标准通过信息交换获取必需的信息，完成工作以后生成、修改、完善了一组新的信息并通过 IFC 标准进行信息交换为下游服务。

在全球化的时代，一个建设项目的参与方（业主、建筑师、工程师、总承包商、分包商、预制商、供应商、运营、维护、更新、改建、扩建、拆除等）来自不同国家、不同地区、不同文化背景、说不同语言的情况并不少见。在这种情况下存在一些表达上的问题会阻碍信息的准确交换，从而影响参与方之间的合作。例如挪威语的“dor”在普通的语言字典中，被翻译成英语里面的“door”，都是“门”的意思，但实际上挪威语里的“dor”

是“门框”的意思，对应英语的“door set”，而英语里面的“door”指的是“门扇”，对应挪威语的“dorblad”。即使在同一个国家并且使用同一种文字，也存在类似的问题，比如“天花板”又称“吊顶”，“榔头”又称“锤子”等。这样的问题在使用软件进行建设项目信息交换时可能会出现需求的信息与通过交换所得到的信息不符的情况，从而严重阻碍信息的准确交换。因此 IFD（International Framework for Dictionaries，国际字典框架）就成为迫切的需求。IFD 的作用是确定交换的信息和用户所需的信息是相同的，其功能与字典相似。

5.3.2 IFD 的含义

ISO 12006-3：2007，建筑施工-建筑工程的信息组织-Part 3：面向对象信息的框架，是定义 IFD 的国际标准，它详细说明了一个可以被用来开发用于存储或提供关于建筑工程信息的字典的与语言无关的信息模型。它使分类体系、信息模型、对象模型与流程模型在一个通用框架内被引用。

buildingSMART 正在基于 IFD 标准（ISO 12006-3：2007）开发一个开放的国际数据字典服务，从而允许来自世界各地的用户、建筑师、工程师、咨询师、业主、经营者、产品制造商与供应商共享与交换必需的产品信息。当每个人都共享相同的语言时建设过程就更加有效。

数据字典是 buildingSMART 技术的核心组成之一。buildingSMART 数据字典（buildingSMART Data Dictionary，bSDD）是一个基于 IFD 标准的参考库，包括对象及其属性，用于在建筑环境中识别对象及其特定的属性而不受表达语言的影响，目的是支持建筑行业改进交互性。bSDD 提供了一个把存在的包含建筑信息的数据库链接到 BIM 中的灵活且又强大的方法。bSDD 不是用于对象的特定实例，而是用于通用的术语。软件开发商可以在这些定义的基础上产生特定的对象。

思考题：

1. IFC 标准结构层次之间信息交流遵循什么样的原则？这样有什么优点？
2. IDM 及 MVD 的概念是什么？在信息交换过程中各自有什么作用？
3. 在应用 BIM 的过程中 IFD 的作用是什么？
4. IFC 的定义是什么？

参考文献

[1] 何关培. 实现 BIM 价值的三大支柱-IFC/IDM/IFD [J]. 土木建筑工程信息技术，2011，3（1）：108-116.

[2] IFC Solution Factory：Model View Definition Site [EB/OL]. http：//www. blis-project. org/IAI-MVD/.

[3] M. Venugopal，C. M. Eastman，R. Sacks，J. Teizer. Semantics of model views for information exchanges using the industry foundation class schema [J]. Advanced Engineering Informatics. 2012，26：411-428.

[4] Shiva Aram，Charles Eastman，Rafael Sacks，Ivan Panushev，Manu Venugopal. Introducing a new methodology to develop the information delivery manual for AEC projects [C] // Proceedings of the

CIB W78 2010: 27th International Conference-Cairo, Egypt, 16-18 November.
[5] C. M. Eastman, Y. -S. Jeong, R. Sacks, I. Kaner. Exchange model and exchange object concepts for implementation of national BIM standards [J]. Journal of Computing in Civil Engineering, 2010, 24 (1): 25-34.
[6] Manu Venugopal, C. Eastman, et al. Improving the robustness of model exchanges using product modeling 'concepts' for IFC schema [C] // International Workshop on Computing in Civil Engineering 2011- Miami, United States, 19-22 June.
[7] Y. Jeong, C. Eastman, R. Sacks, et al. Benchmark tests for BIM data exchanges of precast concrete [J]. Automation in Construction, 2009, (18): 469-484.
[8] M. Venugopal, C. M. Eastman, J. Teizer. Formal specification of the IFC concept structure for precast model exchanges [C] // International Conference on Computing in Civil Engineering 2012- Clearwater Beach, United States, 17-20 June.
[9] M. Venugopal, C. M. Eastman, R. Sacks. Configurable model exchanges for precast/pre-stressed concrete industry using semantic exchange modules (SEM) [C] // International Conference on Computing in Civil Engineering 2012- Clearwater Beach, United States, 17-20 June.
[10] M. Venugopal, C. M. Eastman, J. Teizer. An ontological approach to building information model exchanges in the precast/pre-stressed concrete industry [C] // Construction Research Congress 2012- West Lafayette, United States, 21-23 May.
[11] S. Aram, C. Eastman, R. Sacks. Utilizing BIM to improve the concrete reinforcement supply chain [C] // International Conference on Computing in Civil Engineering 2012- Clearwater Beach, United States, 17-20 June.
[12] Nawari O. Nawari, Marcello Sgambelluri. The role of national BIM standard in structural design [C] // Structures Congress 2010- Orlando, United States, 12-15 May.
[13] Nawari O. Nawari. BIM standard in off-site construction [J]. Journal of Architectural Engineering, 2012, 18 (2): 107-113.
[14] N. Nawari. Standardization of structural BIM [C] // International Workshop on Computing in Civil Engineering 2011- Miami, United States, 19-22 June.
[15] N. Nawari. BIM standardization and wood structures [C] // International Conference on Computing in Civil Engineering 2012- Clearwater Beach, United States, 17-20, June.
[16] Nawari O. Nawari. Automating codes conformance [J]. Journal of Architectural Engineering, 2012, 18 (4): 315-323.
[17] Nawari O. Nawari. Automating codes conformance in structural domain [C] // International Workshop on Computing in Civil Engineering 2011- Miami, United States, 19-22 June.
[18] E. William East. An overview of the U. S. national building information model standard (NBIMS) [C] // International Workshop on Computing in Civil Engineering 2007- Pittsburgh, United States, 24-27 July.
[19] E. W. East, C. Bogen. An experimental platform for building information research [C] // International Conference on Computing in Civil Engineering 2012- Clearwater Beach, United States, 17-20 June.
[20] E. W. East et al. Developing common product property sets (SPie) [C] // International Workshop on Computing in Civil Engineering 2011- Miami, United States, 19-22 June.
[21] E. W. East et al. Facility management handover model view [J]. Journal of Computing in Civil Engineering, 2013, 27 (1): 61-67.

[22] Y. Liu, R. M. Leicht, J. I. Messner. Identify information exchanges by mapping and analyzing the integrated heating, ventilating, and air conditioning (HVAC) design process [C] // International Conference on Computing in Civil Engineering 2012- Clearwater Beach, United States, 17-20 June.

[23] Sanghoon Lee, Yifan Liu, J. I. Messner, et al. Development of a process model to support integrated design for energy efficient buildings [C] // International Conference on Computing in Civil Engineering 2012- Clearwater Beach, United States, 17-20 June.

[24] Y. Jiang, J. I. Messner, R. Leicht, et al. BIM server requirements to support the energy efficient building lifecycle [J]. Computing in Civil Engineering, 2012: 365-372.

[25] Ghang Lee. Concept-based method for extracting valid subsets from an EXPRESS schema [J]. Journal of Computing in Civil Engineering, 2009, 23 (2): 128-135.

[26] Jongsung Won, Ghang Lee, Chiyon Cho. No-schema algorithm for extracting a partial model from an IFC instance model [J]. Journal of Computing in Civil Engineering, 2013, 27 (6): 585-592.

[27] Kamil Umut Gokce, et al. IFC-based product catalog formalization for software interoperability in the construction management domain [J]. Journal of Computing in Civil Engineering, 2013, 27 (1): 36-50.

[28] M. Obergriesser, A. Borrmannn. Infrastructural BIM standards-development of an information delivery manual for the geotechnical infrastructural design and analysis process [C] // eWork and eBusiness in Architecture, Engineering and Construction, CRC Press 2012: 581-587.

[29] J. Karlshoej. Information delivery manuals to integrate building product information into design [C] // Proceedings of the CIB W78-W102 2011: International Conference-Sophia Antipolis, France, 26-28 October.

[30] Ka-ram Kim, Jung-ho Yu. Concurrent data collection method for building energy analysis using project temporary database [C] // Construction Research Congress 2012-West Lafayette, United States, 21-23 May.

[31] Gao G, Liu Y, Wang M, et al. BIMTag: Semantic Annotation of Web BIM Product Resources Based on IFC Ontology [C] // 21st International Workshop of the European Group for Intelligent Computing in Engineering, EG-ICE 2014-Cardiff, UK, 16-18 July.

[32] Data Modelling Using EXPRESS-G for IFC Development [S].

[33] The EXPRESS Definition Language for IFC Development [S].

[34] Building smart. IFC4 [EB/OL]. http://www.buildingsmart-tec.org/.

[35] 邱奎宁，张汉义，王静，王琳. IFC技术标准系列文章之一：IFC标准及实例介绍 [J]. 土木建筑工程信息技术，2010，2 (1)：68-72.

[36] https://www.nibs.org/.

[37] http://www.buildingsmart-tcch.org/.

[38] http://buildingsmart.org/.

第6章　BIM在施工管理中的应用——策划阶段

本章学习要点：

掌握基于BIM的深化设计模式，掌握基于BIM的深化设计模式主要包含的特点，了解BIM在优化设计、净高控制、工期管理、材料计划、成本计划、施工方案、专项方案、安全防护、数字化样板中的应用。

本章介绍BIM在工程项目施工管理中策划阶段的应用，主要包括深化设计、优化设计、净高控制、工期管理、材料计划、成本计划、施工方案、专项方案、安全防护、数字化样本方面的内容。

6.1　深化设计

深化设计是指施工单位根据建设单位提供的合同图纸、技术规格、标准图集、规范等要求性文件，并结合施工现场实际情况，对原设计图纸进行细化、补充和完善，进而形成满足现场施工及管理需求的施工图纸。深化设计后的图纸不得违背原设计方案的技术要求，满足建筑物本身的使用功能，符合相关地域的设计规范和施工规范，并通过各方审查，图形合一，进而直接指导现场施工。

传统深化设计通常采取CAD外部参照，并辅助节点剖面图的设计模式，来表现各专业之间的位置关系，但这种设计模式并不能完全实现各专业间交叉碰撞、标高重叠等问题上的全面查找，还导致了时间与成本上的大量投入。基于BIM的深化设计模式则是通过借助BIM所具有的可视化、模拟性及可出图性的特点，将各方资源进行有效的整合，实现各专业间的可视化沟通与协调、碰撞检查与调整等，进而将后期施工阶段可能遇到的众多问题，在深化设计阶段给予充分解决，避免后期施工过程中的拆改与返工现象的发生，极大地提高了深化设计的质量与效率。

基于BIM的深化设计模式主要包含以下几个特点：

（1）可视化沟通与协调。通过建立各专业三维可视化模型，可以方便地查看各专业间的位置关系，并随着深化设计的逐步进行同步完成各专业间交叉、碰撞等问题的调整工作，由于整个过程均是在可视化状态下进行的，所以可以有效提高各方沟通、决策的效率。

（2）碰撞检查与调整。在完成各专业综合深化设计模型后，借助BIM设计软件的碰撞检查功能，自动完成各专业的碰撞检查工作，查找碰撞点并输出碰撞报告，指导设计调整。

（3）工艺模拟与交底。完成深化设计后，可以借助BIM的模拟性，对复杂节点、部位的施工方案与工序等进行动态模拟与交底，指导现场实施。

（4）可出图性。最终完成的BIM深化设计模型，可以自动完成平、立、剖面及大样图纸的生成与输出工作，此外由于各专业间的关联性，一处修改处处调整，可以最大限度地降低设计错误风险。

6.1.1 机电安装深化设计

机电安装深化设计是BIM应用的主要方向，也是应用较为成熟的领域，具体实施流程见图6-1。

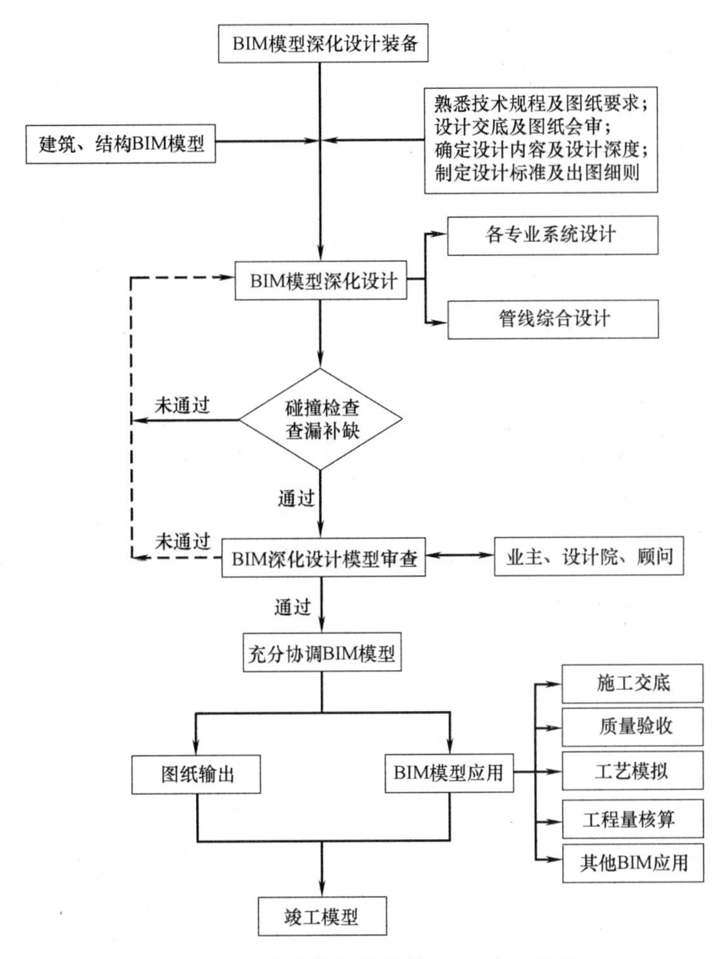

图6-1 机电安装深化设计BIM实施流程

1. 管线综合排布

借助BIM技术将传统二维平面设计方式转变为三维可视化的设计过程，对各机械设备及专业管线安装后的实际效果提前进行模拟，测试实际安装后是否满足系统调试、检测及维修空间的要求，分析、评估设备与管线布局的合理性，可以实现机电安装工程施工前的“预拼装”。此外，借助BIM技术还能够快速查找各专业管线间的位置冲突、标高重叠等问题，并在施工前加以解决，进而达到控制成本、提高质量的目的。管线综合排布如图6-2所示。

2. 支吊架设计与应用

管线综合排布完成后，根据最终的BIM充分协调模型进行支吊架设计，可以实现

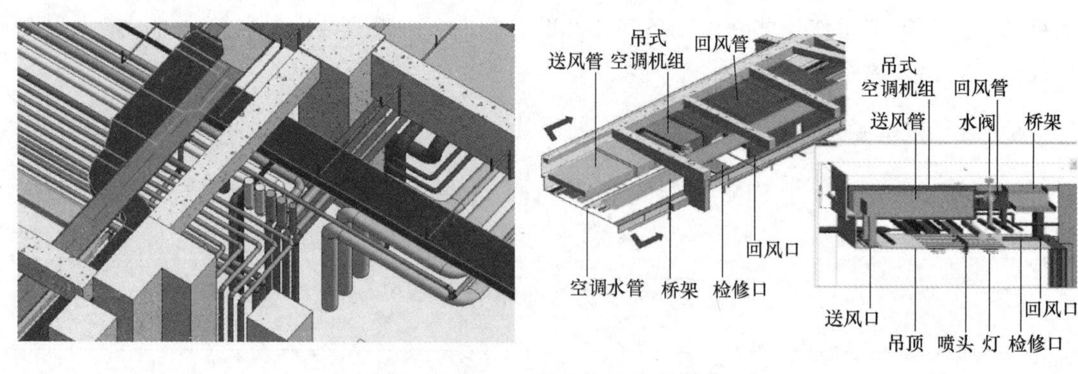

图 6-2　基于 BIM 的管线综合排布

BIM 环境下的支吊架三维实体布置与安全复核相结合，准确确定支吊架安装位置，特别是对于节点复杂、剖面无法剖切的部位，在 BIM 模型中都可以形象具体地进行展示。此外，对于多专业集中通过的管廊部位，在满足各专业规范要求及现场施工条件的基础上合理排布，充分采取综合支吊架的设计方式，达到节省空间、方便检修、美观整洁的目的。综合支吊架设计与应用如图 6-3 所示。

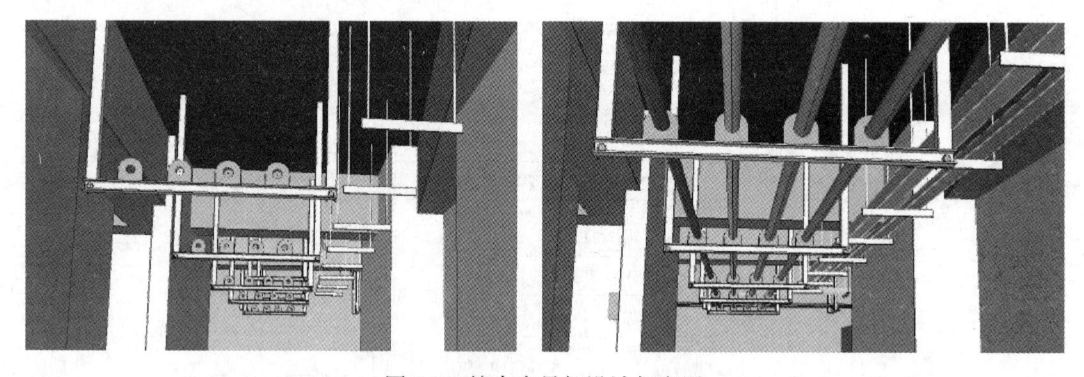

图 6-3　综合支吊架设计与应用

3. 墙体预留洞口设计与定位

管线综合排布完成后，借助 BIM 平台洞口开洞功能，自动完成墙体预留洞口的设计与定位，既保证预留洞口位置的准确，又确保预留洞口施工图纸提供的时效性，减少土建与机电交叉等待时间，此外，还可以指导套管的加工、制作与安装，保证质量，节省工期。预留洞口自动开洞如图 6-4 所示。

6.1.2　钢结构深化设计

BIM 在钢结构深化设计中的应用极为广泛，通过借助 BIM 设计软件建立钢结构空间实体模型，将钢结构构件以梁、柱为结构基本单元进行划分，代替传统二维设计中利用点、线、面表现几何元素的形式，从而建立一个由计算机三维 BIM 模型所形成的数据库，进而模拟钢结构构件的真实数据信息，信息内容不仅仅是几何形状描述的视觉信息，还包含大量的非几何信息，如物理信息、分析信息等，实现了“所见即所得”的 BIM 核心理念。钢结构深化设计流程如图 6-5 所示。

利用 BIM 对钢结构进行深化设计，在精确的 BIM 模型基础上，可以对钢结构加工制

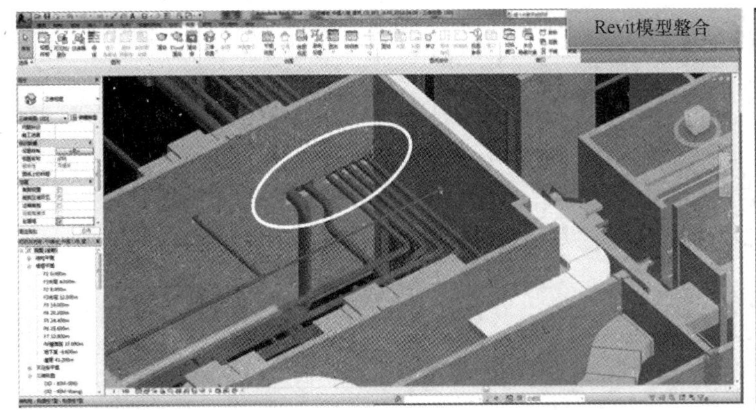

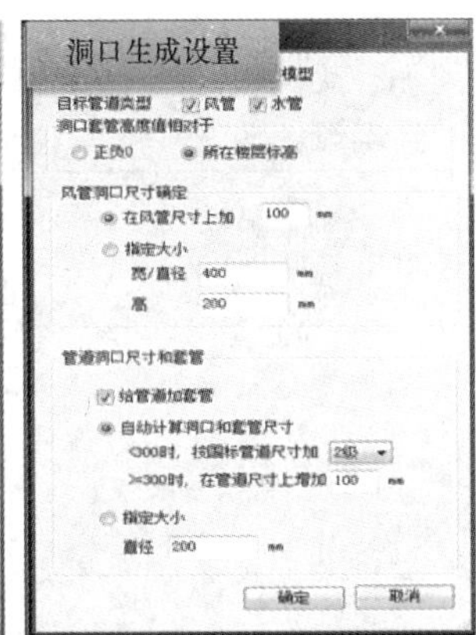

图 6-4　预留洞口自动开洞

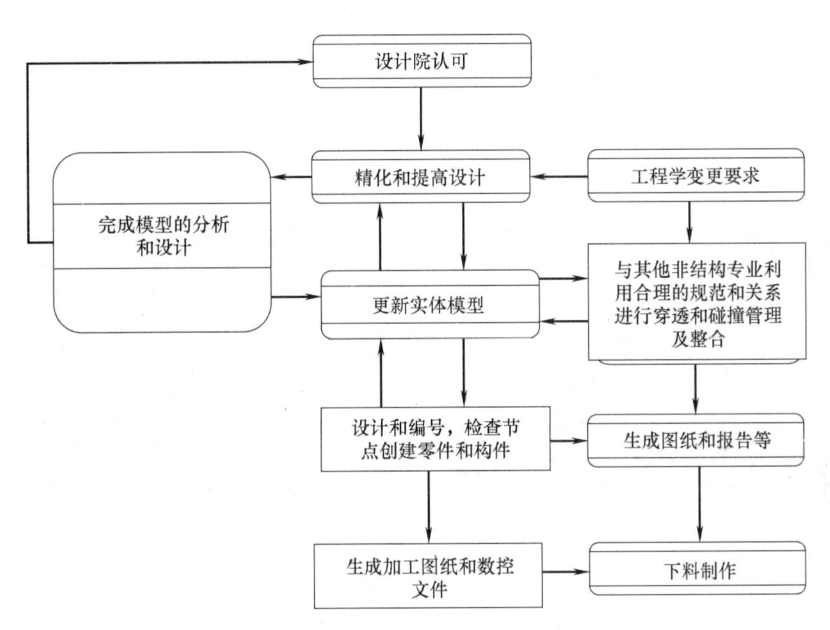

图 6-5　钢结构深化设计流程

作、现场安装的技术质量、商务成本、工期管控等进行有效的管理，重点应用主要包含以下几个方面：

1. 节点实体模型的参数化设计

BIM 的核心技术是参数化建模，节点是钢结构中构造最为复杂的部分，基于 BIM 理念的钢结构节点参数化设计，能够完全反应钢结构构件的空间位置，为建筑施工提供数字化的真实节点，方便了施工前的预观察。节点参数设计如图 6-6 所示。

2. 空间结构连接杆件碰撞与校核

空间结构连接的杆件容易出现相互碰撞、打架和安装死角等现象，在二维 CAD 中是无法确定的，而在 BIM 模型状态下可以直接看出来，或是通过碰撞校核自动检验出来并加以调整，有效地提高了钢结构深化设计水平及效率。钢结构杆件碰撞校核如图 6-7 所示。

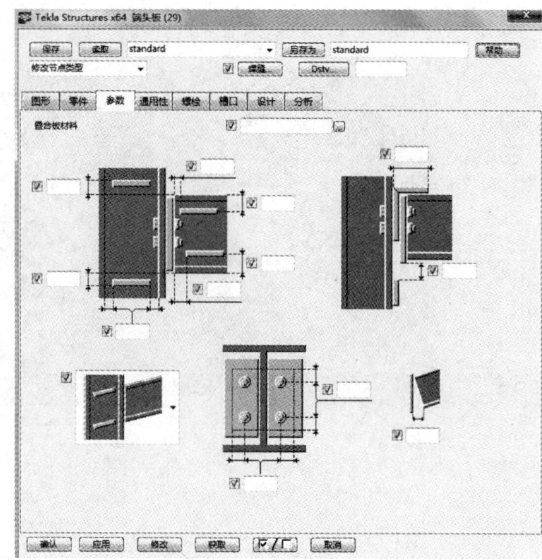

图 6-6　节点参数设计

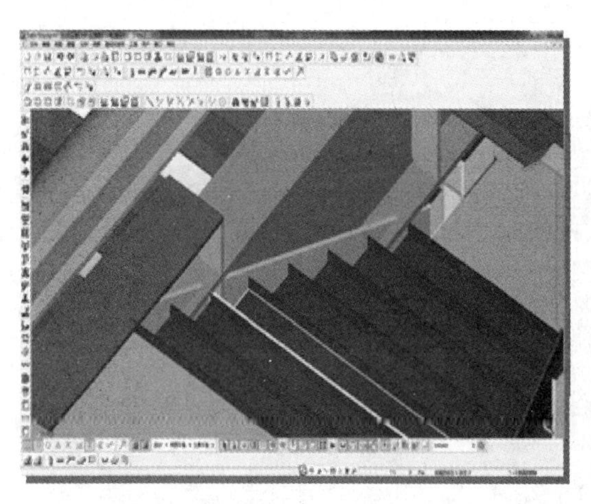

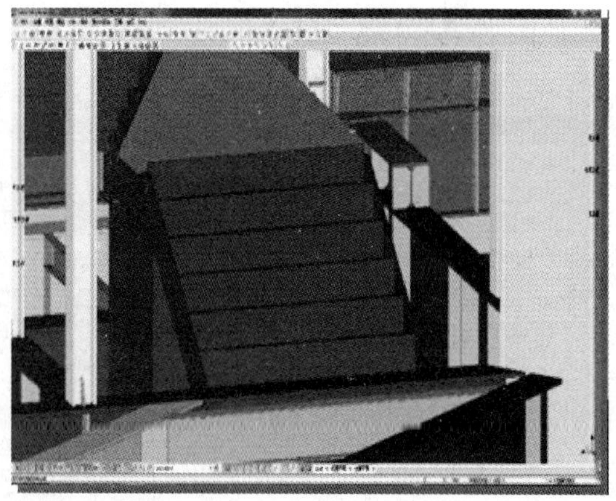

图 6-7　钢结构杆件碰撞校核

3. 自动输出预制加工图

钢结构数字化制作依托于生产工位的数字化，应用 BIM 技术可以整合施工过程中的多个部门数据信息，为钢结构平面加工图纸的生成提供了主要依据。基于 BIM 的三维模型制作，能够准确地提取钢结构构件的几何信息并加以整理，准确完成构件、板件与节点的编号与归类，自动完成二维平面详图的设计。由于对 BIM 模型的任何更改都将在平面施工图和加工图中实时同步更改，从而大大减少了图纸中的错误，而且三维模型比二维的平面更加直观形象，从而减少了人为错误的产生。钢结构构件加工图如图 6-8 所示。

6.1.3　幕墙深化设计

幕墙深化设计是建筑设计不可分割的一部分，是对建筑外观效果的细化与完善。基于 BIM 的幕墙深化设计，可以借助 BIM 模型可视化及参数化的信息载体，实现对幕墙方案比选、多专业整合纠错、板块优化等进行分析与探讨。

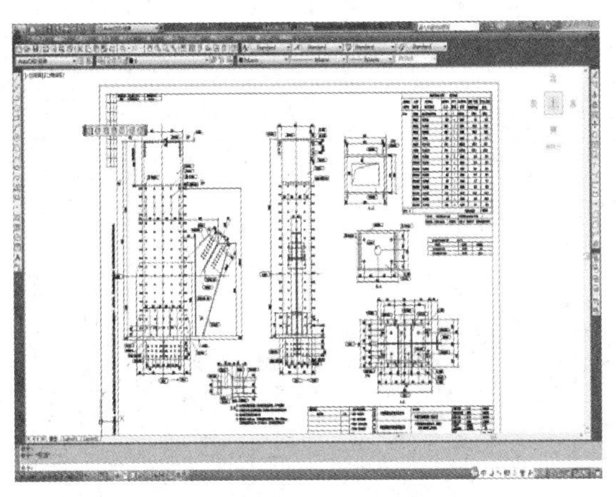
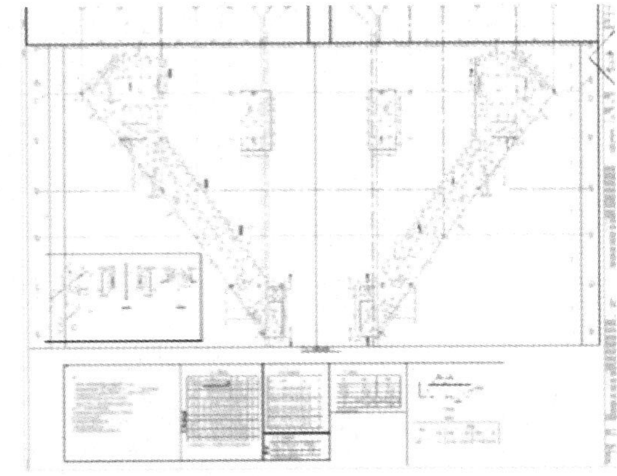

图 6-8　钢结构构件加工图

1. 参数化设计

BIM 参数化设计是将幕墙构件的各种真实属性通过参数的形式进行模拟和计算，并建立一个包含构件材料、造价、采购信息、重量、尺寸等非几何属性的信息数据库。幕墙的 BIM 参数化设计如图 6-9 所示。

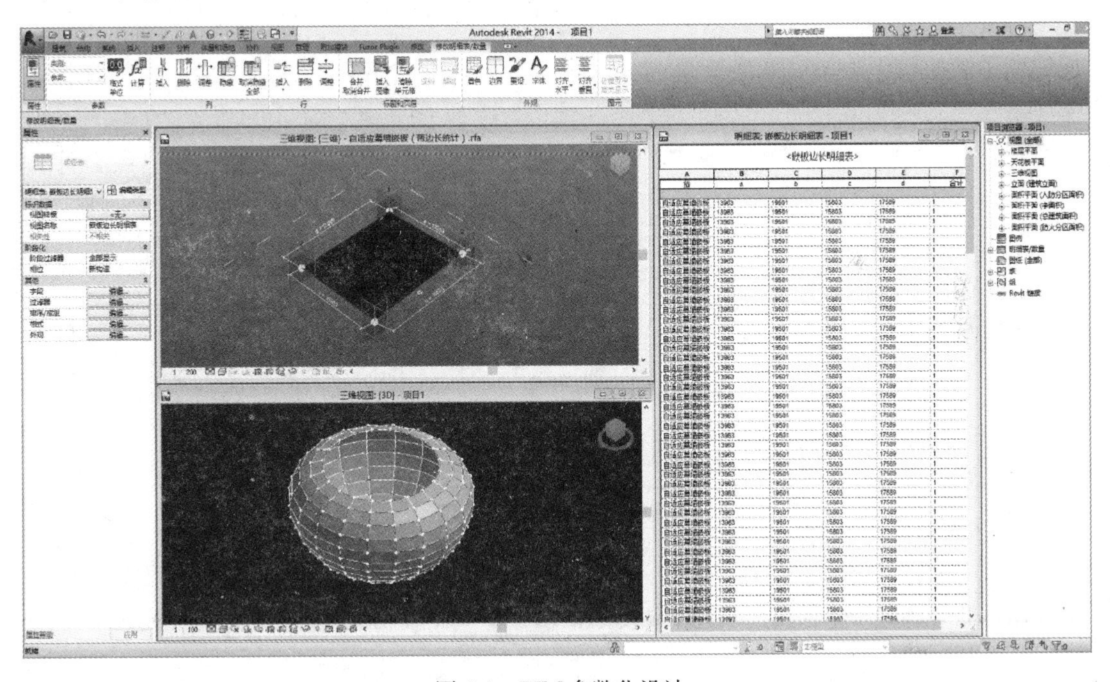

图 6-9　BIM 参数化设计

完成幕墙板块深化设计后，可以对单元面板、龙骨框架等构件进行自动标记，进而为幕墙工厂化加工提供生产料单，由于每一个标记编号都是唯一的，确保了工厂与现场实际施工区域的一一对应，提高了幕墙加工、安装质量。幕墙标记如图 6-10 所示。

2. 异形曲面设计

建筑外观主要是通过幕墙效果进行展示的，对于一些复杂曲面的异形结构，传统的二维设计是很难进行表达的，而借助 BIM 则可以通过创建相应的体量模型，快速准确地完

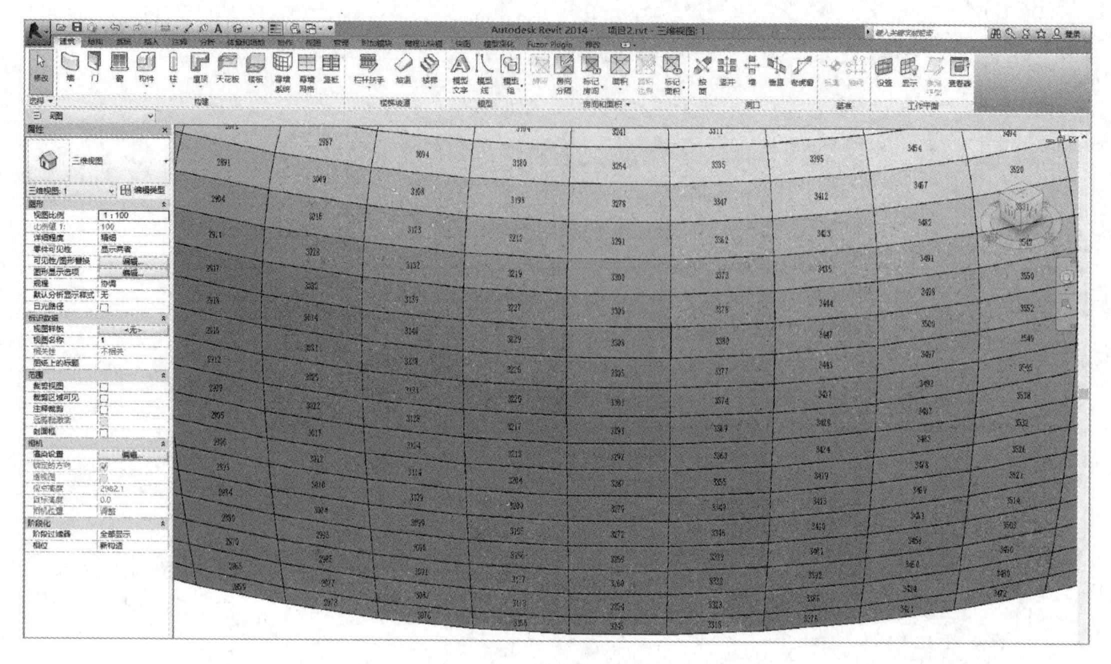

图 6-10　幕墙标记

成幕墙系统的设计，并对幕墙效果进行可视化分析，优化最佳效果。异形曲面设计如图 6-11 所示。

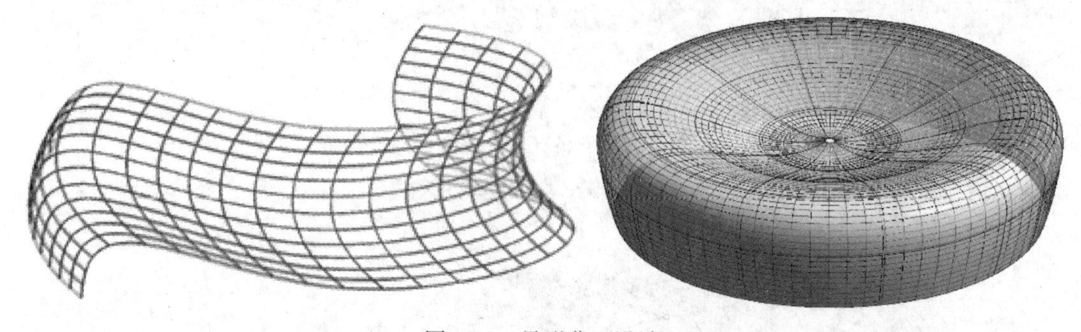

图 6-11　异形曲面设计

3. 节点设计

利用 BIM 可以对幕墙节点进行设计与优化，生节点大样图，指导节点连接件的加工与制作，此外通过 BIM 定位功能可以指导幕墙预埋件的施工定位，提高安装精度。节点设计如图 6-12 所示。

6.1.4　装饰装修深化设计

借助 BIM 模型效果检验可以协助完成装饰装修图纸的深化设计，使设计效果达到最佳。

1. 排砖设计

利用 BIM 的可视化与关联性特点，对电梯厅、楼梯间、卫生间等装饰装修部位的墙面与地面排砖效果进行深化设计，展示面砖排版和节点做法，与传统排砖相比主要优点

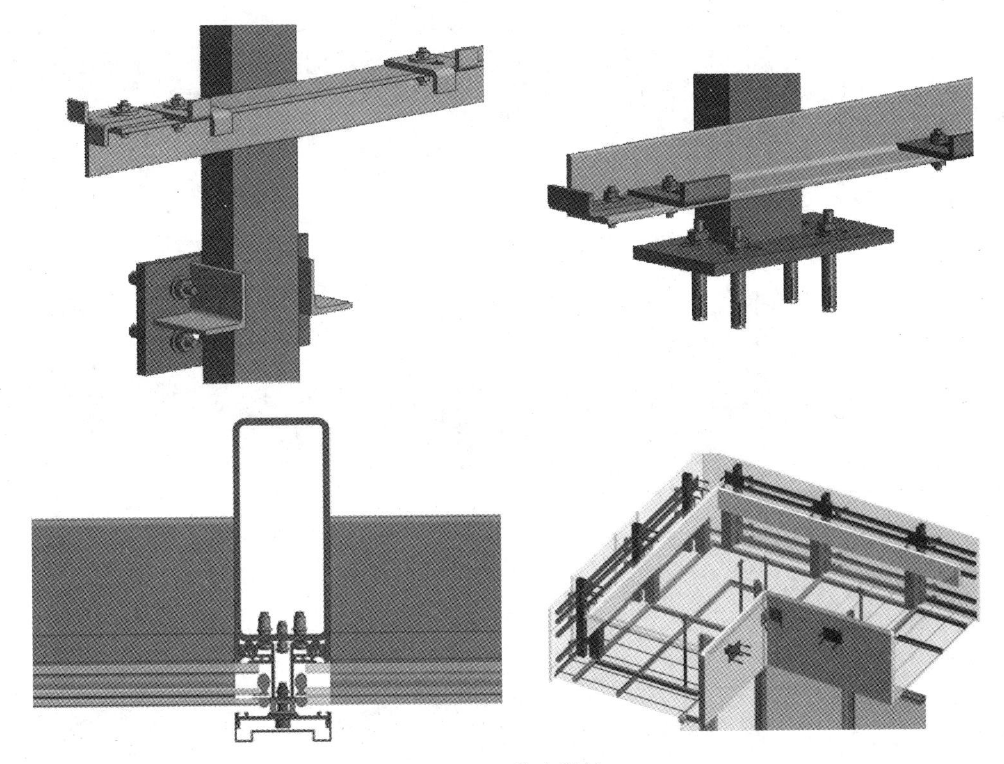

图 6-12　节点设计

如下：

（1）大大降低排砖的劳动强度及延续时间；

（2）效果更佳逼真，直接反映工程实体，避免了由于排砖不当造成的返工损失；

（3）可直接标注出非整块砖的尺寸，便于施工人员提前切割；

（4）快速提取材料统计清单，便于物资采购。

排砖设计如表 6-1 所示。

排砖设计　　**表 6-1**

BIM排砖设计	墙面排砖	

续表

BIM排砖设计	地面排砖	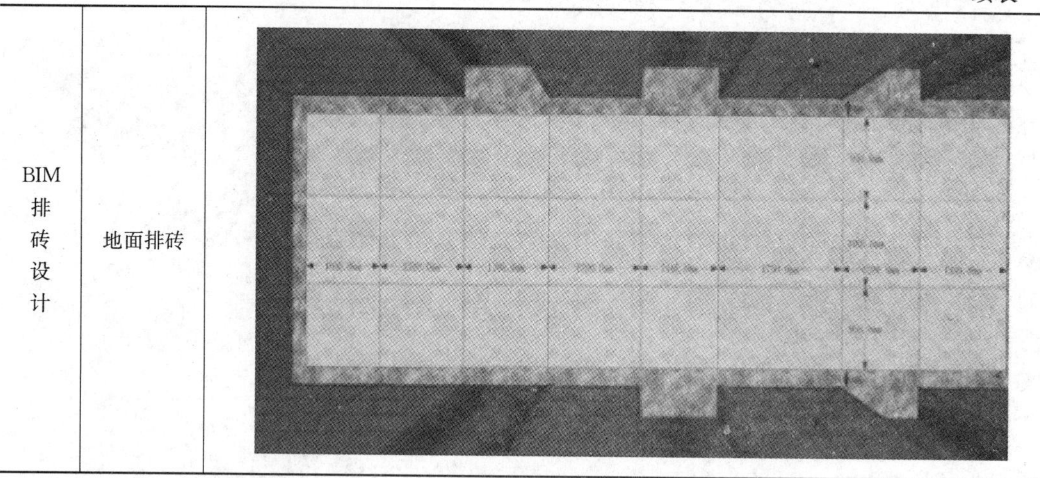

2. 末端点位设计

借助 BIM 可视化特点，对墙面、顶棚的风口、喷淋、灯具、开关面板等末端点位进行深化设计，可以确保点位布局的合理性与美观性。末端点位设计如表 6-2 所示。

末端点位设计 **表 6-2**

BIM末端点位设计	末端点位定位图	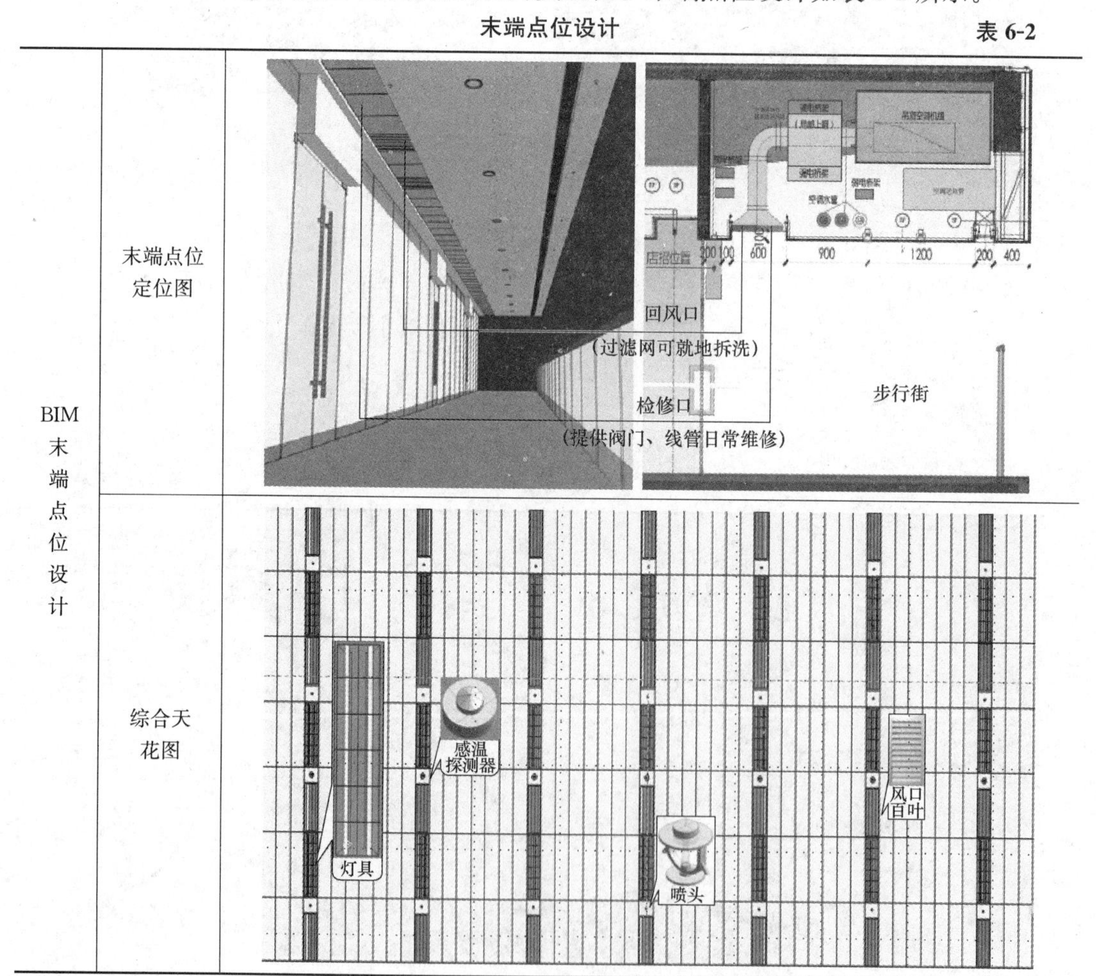
	综合天花图	

续表

BIM末端点位设计	卫生洁具的定位图	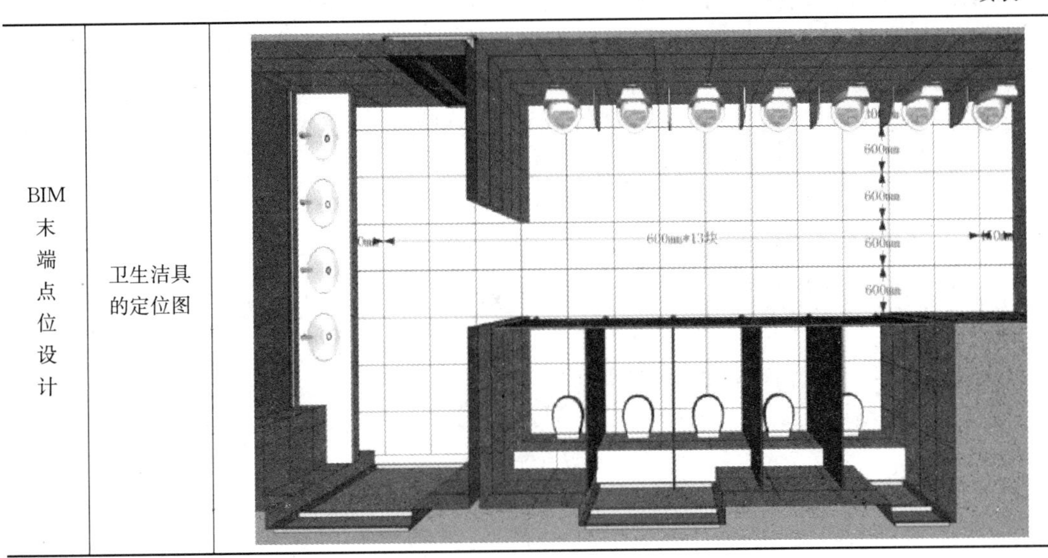

6.1.5 砌体工程深化设计

砌体工程的深化设计也是BIM应用的重点，通过在砌筑前期利用BIM对砌块排布、构造柱、圈梁规格尺寸、预留洞口位置等提前进行深化设计，进而获取砌体数量、混合砂浆方量及预留洞口位置等详细信息，可以指导现场施工生产。砌筑墙体深化设计如图6-13所示。

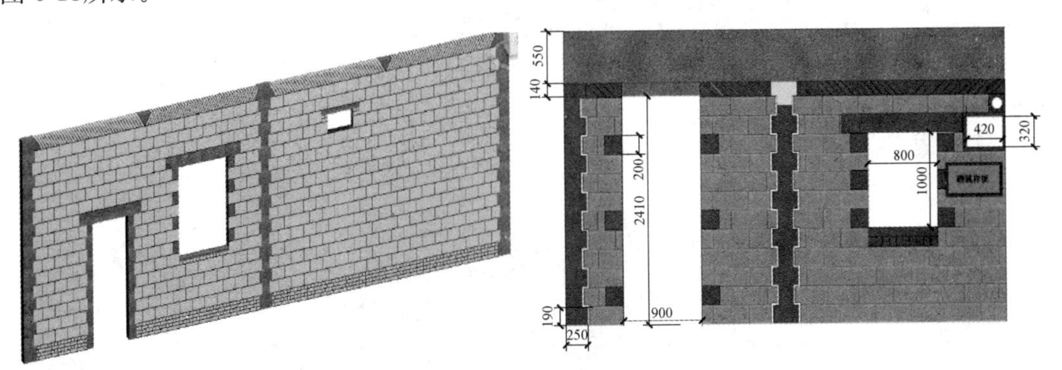

图6-13 砌筑墙体深化设计

6.2 优化设计

优化设计是指在原有设计基础上，对局部施工图进行优化设计的工作，目的是使原有设计更合理、更经济、更安全、更便于施工。

6.2.1 节点优化

节点是建筑结构及其关键的部位，为了更好地利于节点施工，通常情况下需要技术人员结合施工经验对节点进行二次优化，但是，如果只用二维图纸的方式来表现，对于设计和施工都受到限制，不能和工程实际对接，而且对于之后施工方案的规划和选取也有更大的难度，通过关键节点 CAD 平面图和利用 BIM 可视化图对比，可以发现一个比较简单的节点都要用几部分二维图纸表现，而用 BIM 三维模型则可以清晰地表现，利用 BIM 对施工节点进行优化表达主要有以下几方面的优点：

① 3D 可视在平面、剖面图中可见、直观；

② 可以与结构设计和施工对接；

③ 钢筋尺寸和定位准确，可以直接指导现场施工；

④ 可以对复杂节点进行钢筋碰撞检查；

⑤ 可以直接进行钢筋算量和现场下料，方便快捷。

节点优化如表 6-3 所示。

节点优化 **表 6-3**

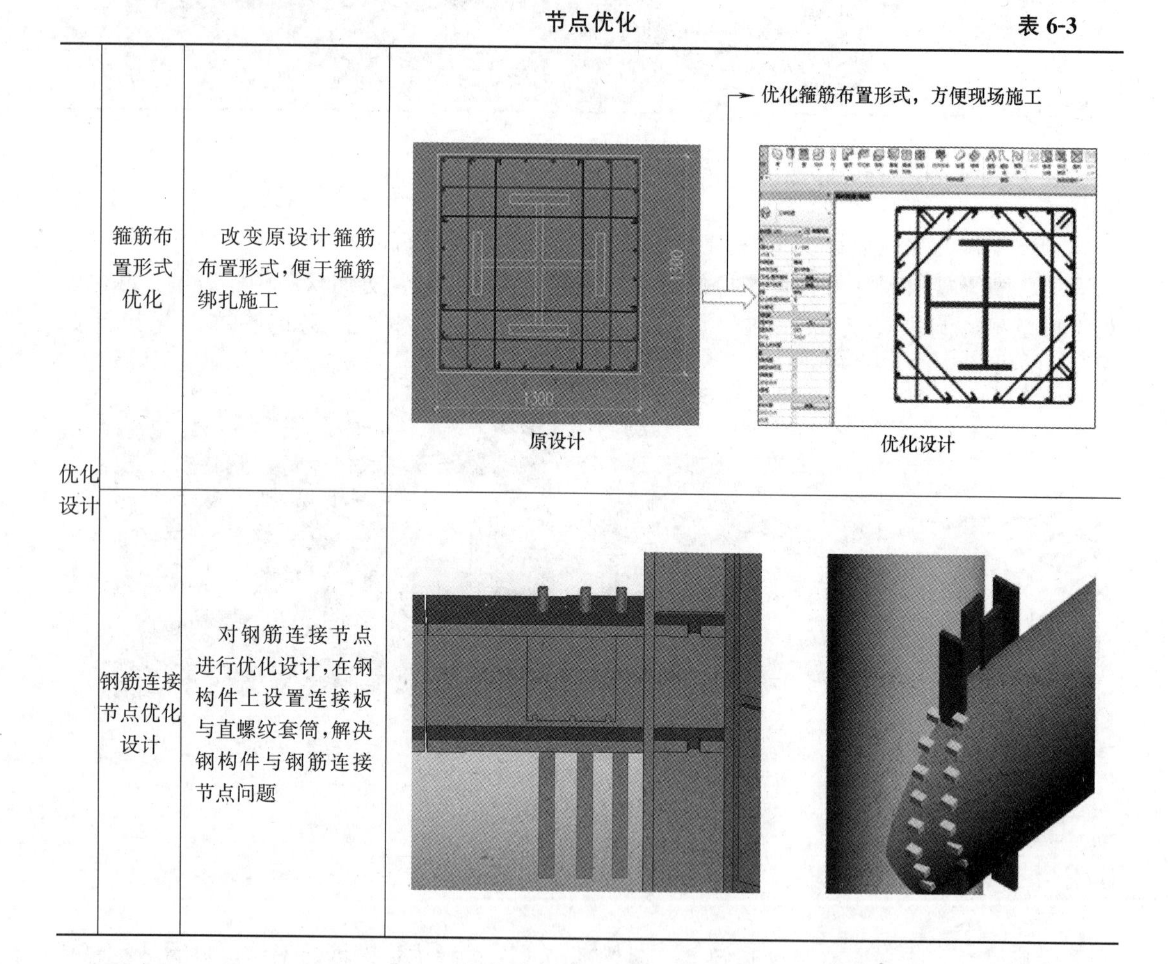

优化设计	箍筋布置形式优化	改变原设计箍筋布置形式，便于箍筋绑扎施工	原设计 / 优化设计
	钢筋连接节点优化设计	对钢筋连接节点进行优化设计，在钢构件上设置连接板与直螺纹套筒，解决钢构件与钢筋连接节点问题	

6.2.2 方案优化

在对项目实施条件及设计文件充分了解的基础上，在保证质量、工期、安全的前提下，利用 BIM 对施工方案进行优化，形成新的更完善、更先进、更合理的方案，确保经济效益最大化。方案优化流程如图 6-14 所示。

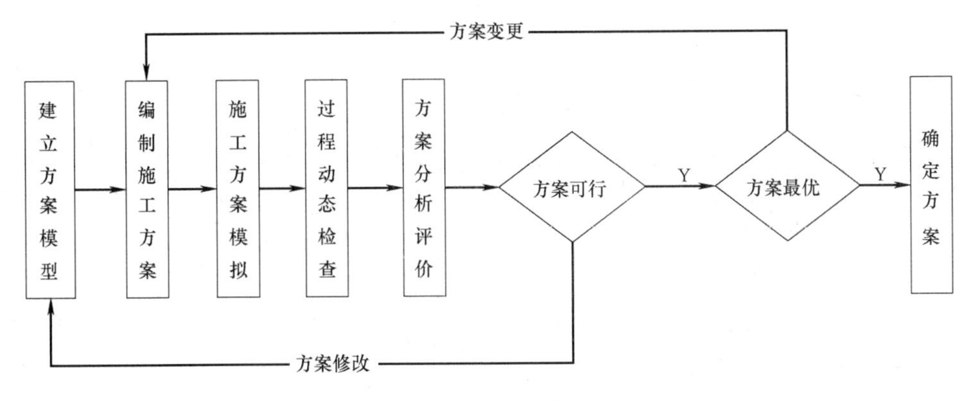

图 6-14 方案优化流程

方案优化如表 6-4 所示。

方案优化 **表 6-4**

管线综合排布优化设计	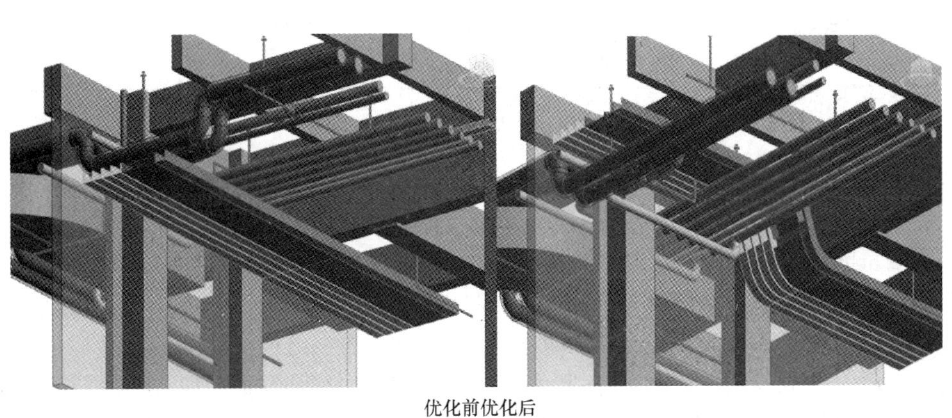 优化前优化后
钢筋排布优化	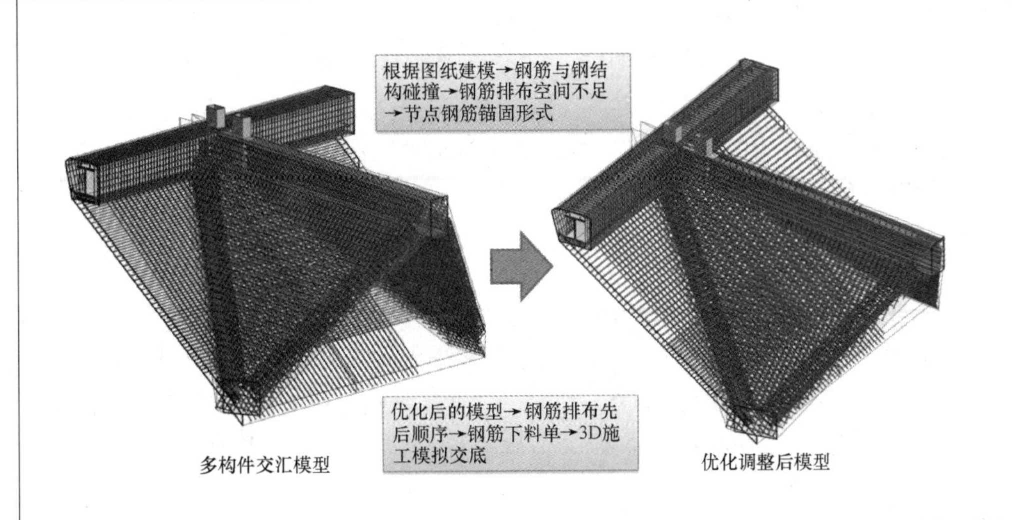

续表

防水底板施工缝优化	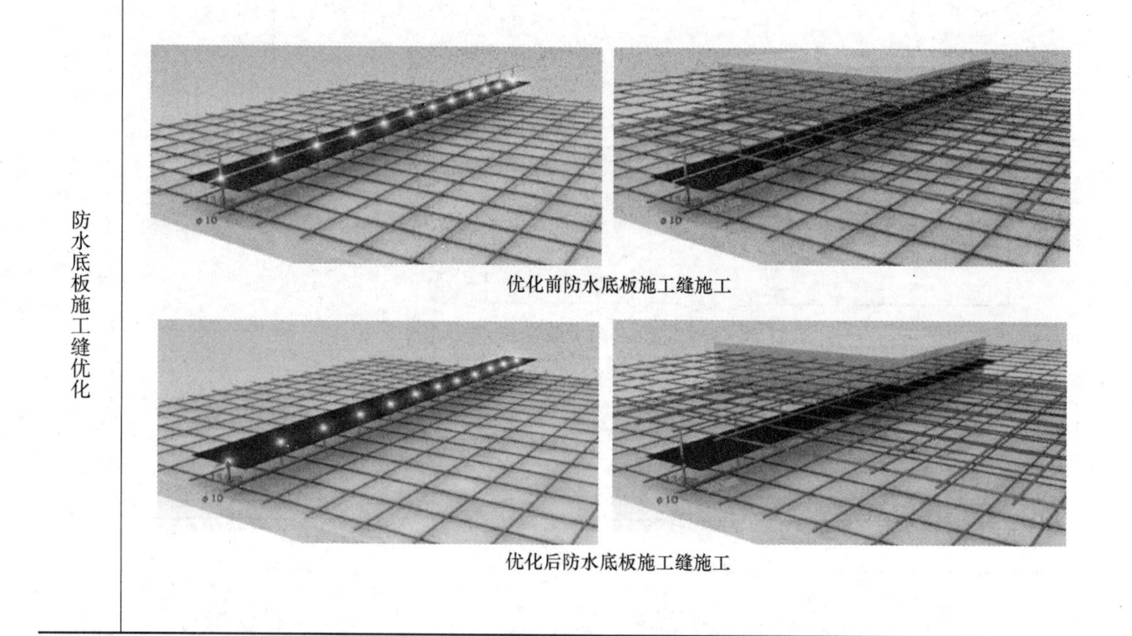 优化前防水底板施工缝施工 优化后防水底板施工缝施工

6.3 净高控制

建筑的净空高度直接关系着建筑物功能的实现与合理性程度，是建筑施工最为关键的环节，特别是对于复杂节点施工部位，涉及各专业之间的交叉融合，处理起来极其复杂。传统施工往往是通过现场沟通协调进行解决，但通常会出现前期考虑不周后期大量拆改返工的现象，造成工期与成本的浪费。而BIM为解决该类问题提供了思路，做到了问题提前沟通解决。

6.3.1 净高分析

在完成各专业综合设计模型后，可以根据建筑物净高要求，借助BIM漫游模拟及BIM软件立面、剖面功能，便可以快速检查不满足净高要求的位置，BIM工程师便可以根据数据组织各专业工程师及工程顾问进行图纸方案优化讨论，直到净高要求为止。净高漫游分析如图6-15所示。净高分析如图6-16所示。

6.3.2 净高优化

利用BIM技术，在管线综合排布完成后，结合装修及建筑最低标高设计要求，可以进行标高优化调整来达到建筑物使用功能的要求。例如某建筑走廊区域，由于管线集中排布，在完成深化设计后标高仅为2700mm，通过调整管线布置，将最底层管线移至客房内，标高调整至3050mm，进而满足走廊空间需求。标高调整前与标高调整后分别如图6-17与6-18所示。

图 6-15　净高漫游分析

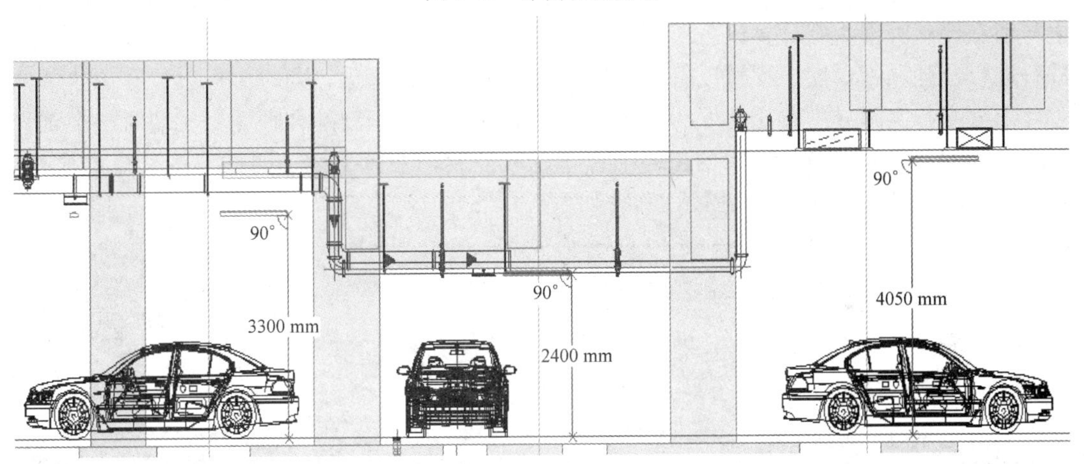

图 6-16　净高分析

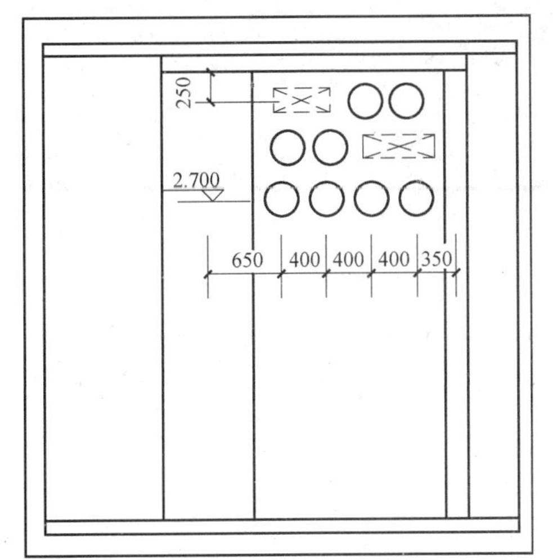

图 6-17　标高调整前

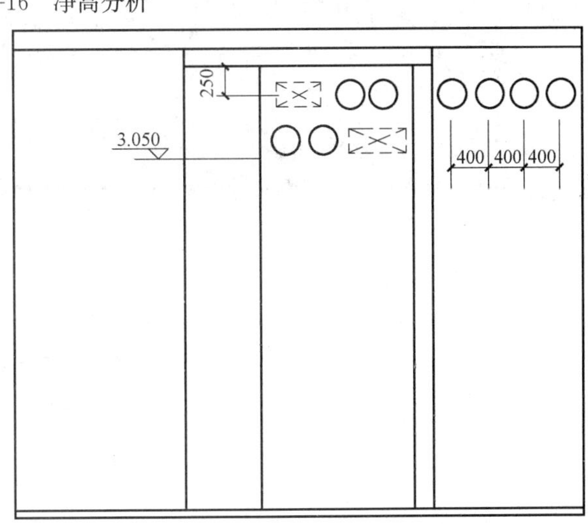

图 6-18　标高调整后

6.4 工期管理

建筑施工是一个高度动态的过程，工期管理是各参建单位最为关心的环节之一。随着目前建筑工程规模的不断扩大，施工项目管理变得极为复杂，影响工期变化的因素也变得越来越多。如前期考虑不足，后期方案无法有效实施；图纸设计深度不够，已完工程需要砸掉重来；各专业交叉施工较多，工序安排不合理等都会对现场工期管控造成较大风险，而且，一旦出错就要砸掉重来，对工程质量也会产生极大风险。

针对上述问题，以借助 BIM 的模拟性与可视化特点，将包含全部数据信息的 BIM 模型导入到基于 BIM 的分析模拟软件中，顺利实现对工期管控的模拟与分析，做到提前进行预施工，查找风险点，并在后期施工中加以控制。重点应用包含以下几个方面：

6.4.1 4D 模拟与动态控制

4D 模拟与动态控制是以 BIM 三维建筑模型为基础，利用进度时间轴，实现进度管理从传统的网络计划、横道图等平面静态分析管理转变为更加直观形象的、虚拟建造的可视化与动态控制管理，并计算出各施工分区所需的工程料具，对木枋、模板、脚手架等周转材料进行合理调配，使工程进度管控变得更加精细化、信息化，同时也可以让各参建单位对计划进度与实际进度对比情况一目了然，评估进度计划编制的合理性，实现对整个工程的施工进度、资源和质量进行动态的统一管理和控制，缩短工期、降低成本、提高质量。4D 模拟与动态控制如图 6-19 所示。

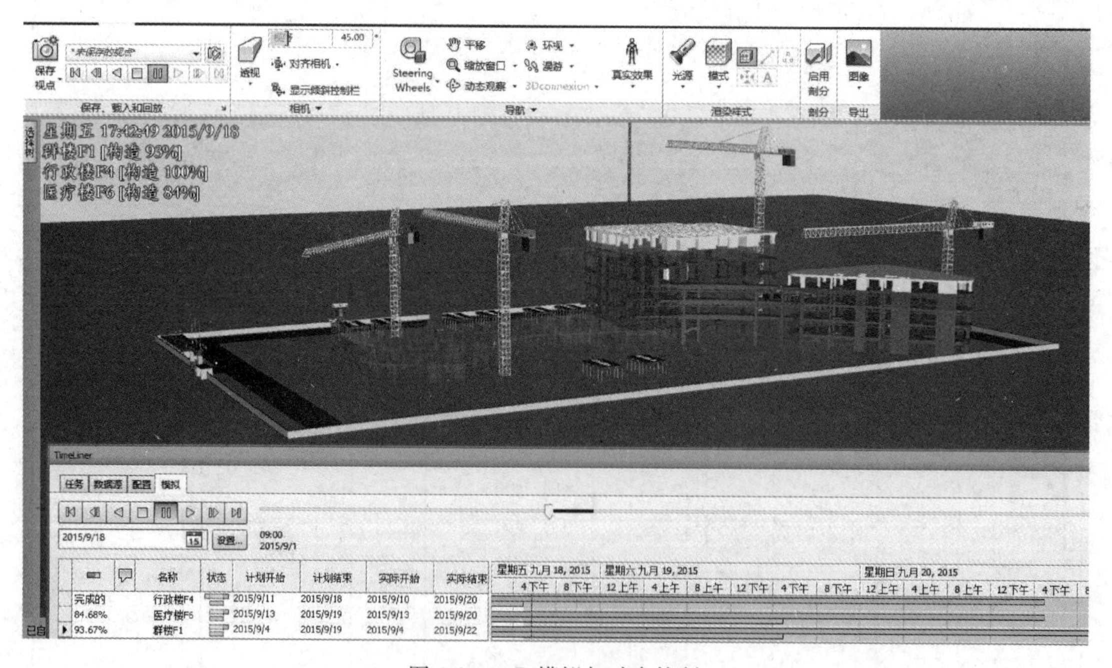

图 6-19　4D 模拟与动态控制

实际表明，通过 4D 模拟可以把现场进度计划生动形象地用模型体现出来，便于管理人员更加准确地掌握现场施工情况，且 4D 模拟可以用原计划的模型和实际情况对应的模型、上周计划对应的模型和下周计划对应的模型同时进行对比分析与总结经验，可操作性强，适合项目运用。计划管控如表 6-5 所示。

计划管控　　表 6-5

<table>
<tr>
<td>计划应完成的任务</td>
<td>截至到例会前日（6月17日）计划应完成任务：

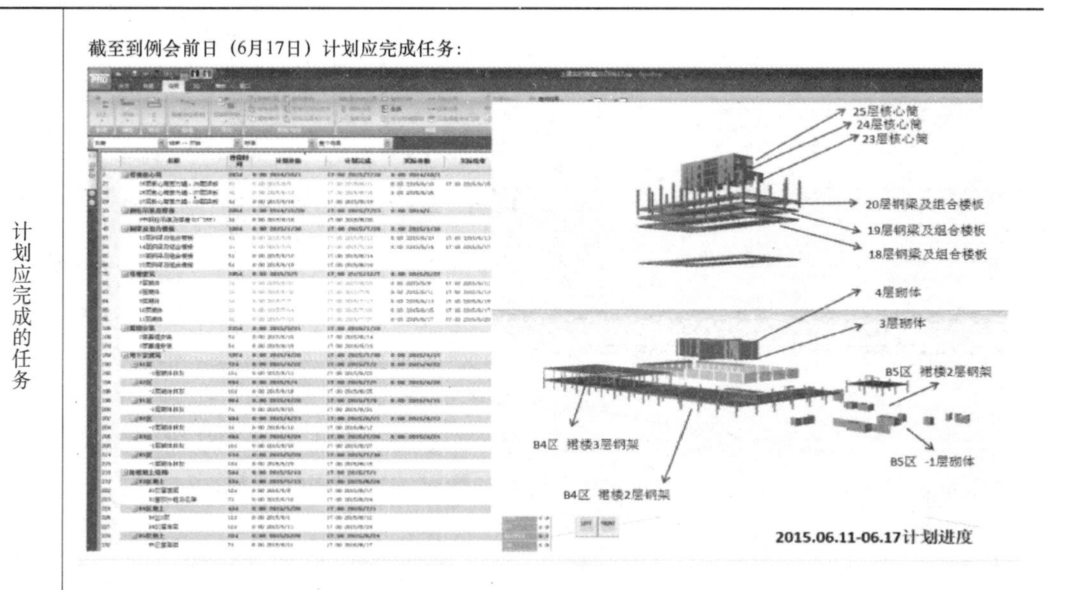

</td>
</tr>
<tr>
<td>计划要完成的任务</td>
<td>下周计划应完成任务：

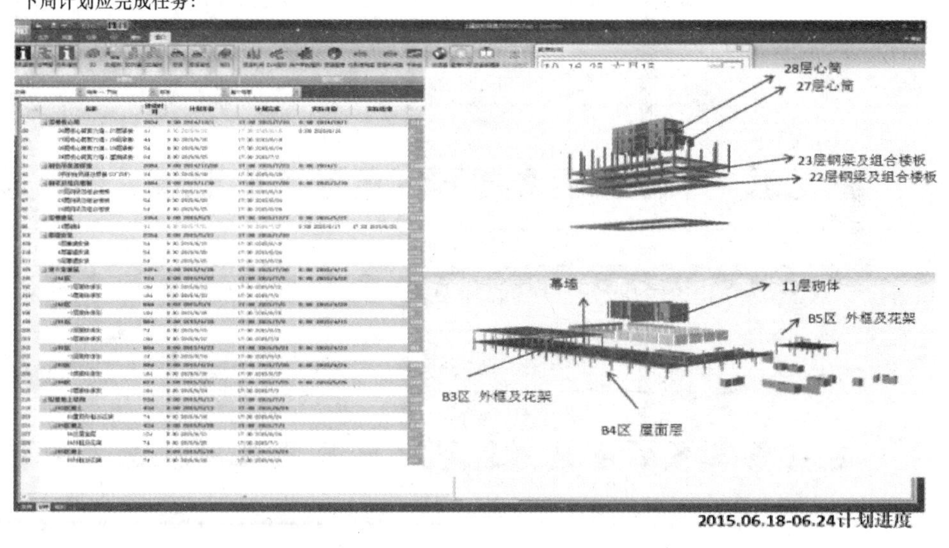

</td>
</tr>
</table>

也可利用 BIM 逆排施工计划，将整体计划从多个楼层、几十天的细度，细化为单个楼层、一周以内的细度，当符合项目标准楼层的施工周期时，根据施工模拟导出和编制 WBS（工作分解结构）进度计划让各施工参与方签字确认，进行施工。逆排施工计划如图 6-20 所示。

6.4.2 进度计划可视化管控

借助 BIM 可视化与模拟性，模拟每天工程进度情况，各参建单位则可以对现场的进

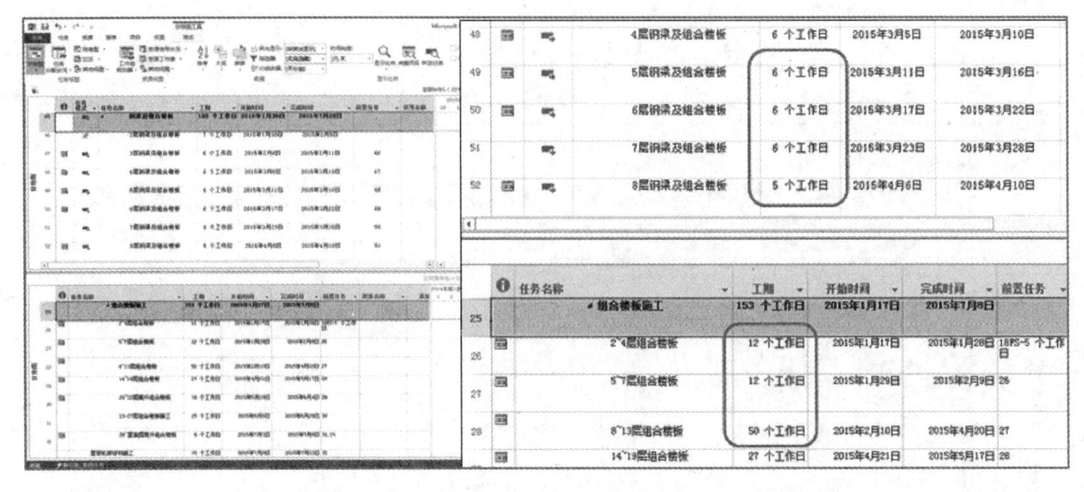

图 6-20 逆排施工计划

度做到提前了解，提前安排相关生产资源的投入。此外，对多专业交叉作业的重点部位，也可以对各专业施工工序提前安排，提前沟通，确保施工生产的顺利进行。进度计划可视化管控如表 6-6 所示。

进度计划可视化管控 **表 6-6**

6.4.3 进度监控和预警

将现场施工进度与 4D 模拟施工进行实时对比分析，实现进度滞后预警，及时纠正偏差，分析查找进度滞后原因，分析穿插作业的滞后对工作面交接的影响等。进度监控和预警如表 6-7 所示。

进度监控和预警　　表 6-7

实际进度与计划进度对比预警	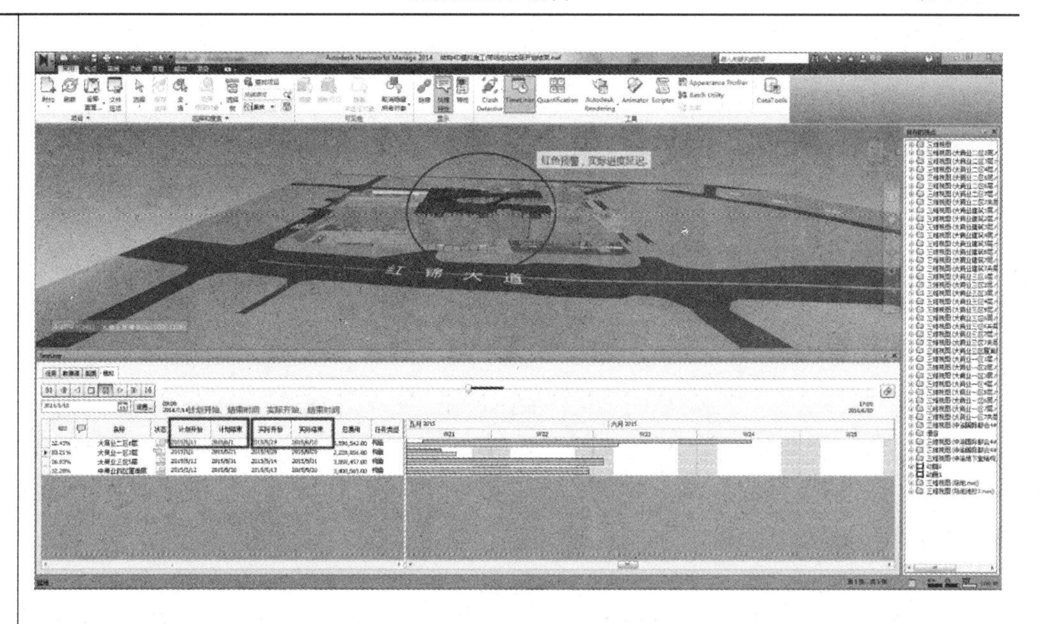
现场与模拟施工对比	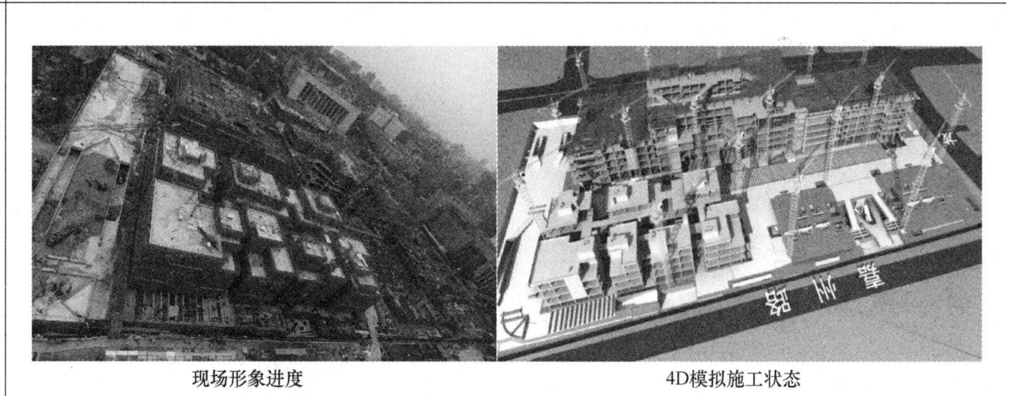 现场形象进度　　4D模拟施工状态

6.5 材料计划

6.5.1 辅助工程量提取

可以在 BIM 模型创建阶段将建筑构件材质、厚度、成本等数据信息，按功能、分类等分别在 BIM 模型中进行录入，依据 BIM 模型，可以随着工程进展按工程部位或材质的不同类型进行工程量的分类提取，为施工过程的物资采购提供数据信息，确保物资采购的时效性，同时也可根据工程进展程度，评估项目材料用量及资源损耗情况，为后期施工管控提供指导。BIM 辅助工程量提取如图 6-21 所示。

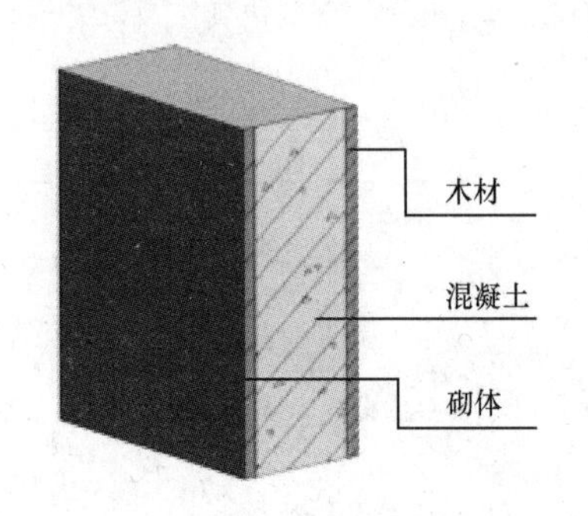

〈墙材质工程量〉		
A	B	C
材质：名称	材质：体积	材质：面积
木材-层压板	1.01 m^3	10.12 m^3
混凝土-钢筋混凝土	8.09 m^3	10.12 m^3
砌体-普通砖　80mm×240mm	1.01 m^3	10.12 m^3
总计：3	10.12 m^3	30.35 m^3

图 6-21　BIM 辅助工程量提取

6.5.2　BIM 辅助三算对比

BIM 辅助三算对比是指从进度模型中提取现场实际人工、材料、机械工程量，掌握成本消耗情况，将模型工程量、实际消耗、合同工程量，三量进行对比分析，进而分析现场施工过程人、机、料等资源配置是否合理，来指导材料需求、进场计划。BIM 进度模型生成工程量和实际消耗量、合同工程量进行对比如图 6-22 所示。

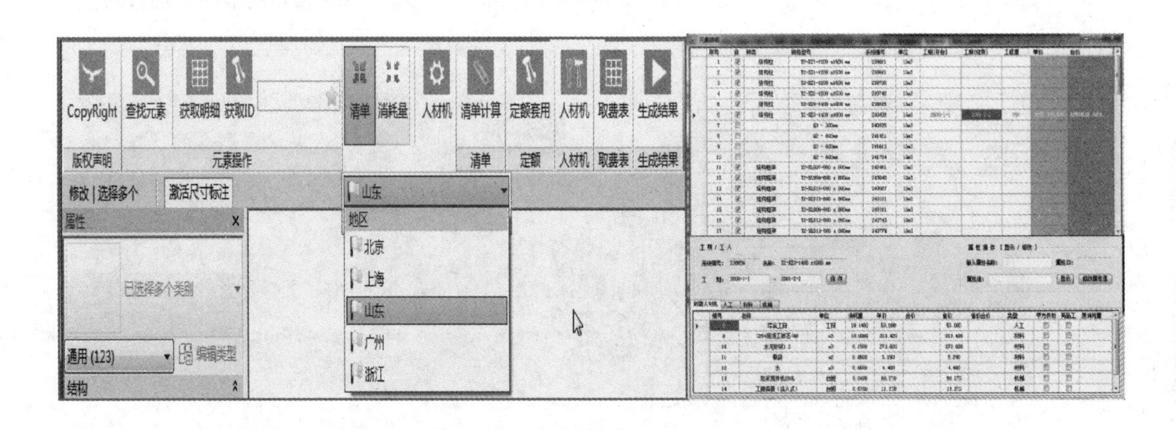

图 6-22　BIM 进度模型生成工程量和实际消耗量、合同工程量进行对比

6.5.3　BIM 辅助物料跟踪

将现场用料信息录入 RFID 物料追踪系统中，向材料厂商进行材料申请，并在关键设备上贴二维码，实时追踪物料状态，通过扫描得到的信息与 BIM 模型进行关联，管理人员可以根据 RFID 传递的信息对物料状态（例如：施工进度情况、材料使用情况等）实时掌控，便于管理，通过 RFID 技术的应用能够有效杜绝材料浪费、库存数量不透明等等一系列现象的发生。物料跟踪如图 6-23 所示。

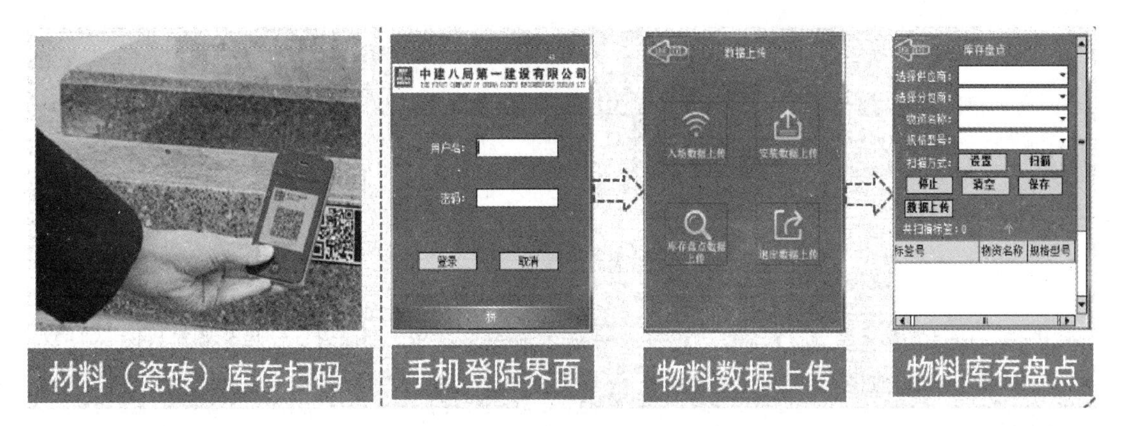

图 6-23　物料跟踪

6.6　成本计划

6.6.1　基于 BIM 5D 的成本计划

基于 BIM 技术的成本计划的基础是建立 5D 建筑信息模型，将进度信息和成本信息与三维模型进行关联整合。通过模型计算、模拟和优化对应于项目各施工阶段的劳务、材料、设备等的需用量，从而建立劳动力计划、材料需求计划和机械计划等，在此基础上形成项目成本计划。BIM 5D 模型如图 6-24 所示。

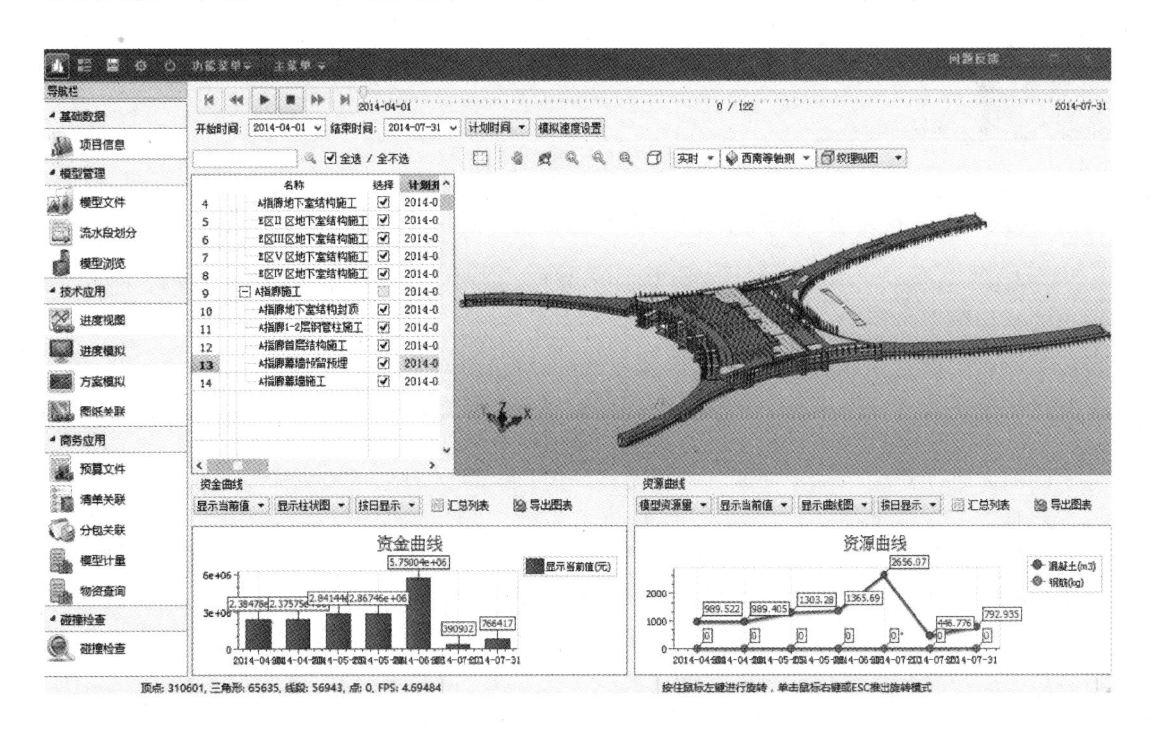

图 6-24　BIM 5D 模型

6.6.2 成本动态分析控制

通过5D模型自动提取需求计划，并以此为依据指导采购，避免材料资源堆积和超支而影响成本管控。根据形象进度，利用5D模型自动计算完成的工程量并向业主报量，与分包核算，提高计量工作效率，方便根据总包收入控制支出进行。在施工过程中，及时将分包结算、材料消耗、机械结算在施工过程中周期地对施工实际支出进行统计，将实际成本及时统计和归集，与预算成本、合同收入进行三算对比分析，获得项目超支和盈亏情况，对于超支的成本找出原因，采取针对性的成本控制措施将成本控制在计划成本内，有效实现成本动态分析控制。成本动态分析控制如图6-25所示。

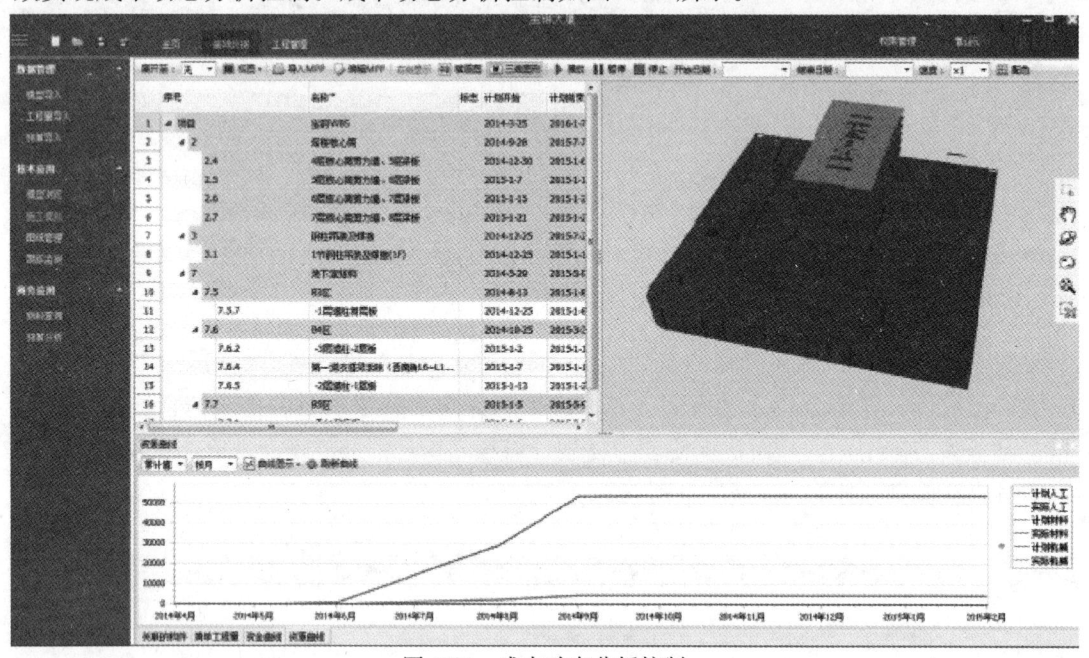

图6-25 成本动态分析控制

6.6.3 成本核算管控

在BIM平台下实现设计与造价共用一个模型，并快速提取出项目清单与定额工程量，输出的确切数据可用于合约管理，极大地提高了商务人员的工作效率和对成本的管控能力。此外，造价工程师也可以BIM模型为基础，对建造过程中出现的问题与记录在平台上进行沟通，从而减少重复建模以及沟通和确认问题所耗费的大量时间。

传统的成本算量计价流程不能直接利用如DWG图纸等二维设计结果，需要在算量软件中读图并重新建模，算量周期往往需要较长时间，因此在项目设计阶段仅能作为成本核算，还难以实现成本控制。而基于BIM技术的模型能快速实现算量计价，其流程如下：将设计模型以IFC格式从建模软件中导出并导入算量软件，算量软件对模型进行检查，检查出模型错误，成本核算人员根据检查结果对模型进行修改，模型修改完毕后，可由算量软件先自动套用做法（一次性给整个工程所有构件清单项目或定额子目），再由成本造价人员手动调整相关数据，并由软件快速汇总工程量。同时，在模型创建阶段，通过添加参数信息，根据工程进度提取成本消耗理论值，并根据成本消耗实际值查找成本差值原因，以便采取纠偏措施。成本核算管控如图6-26所示。

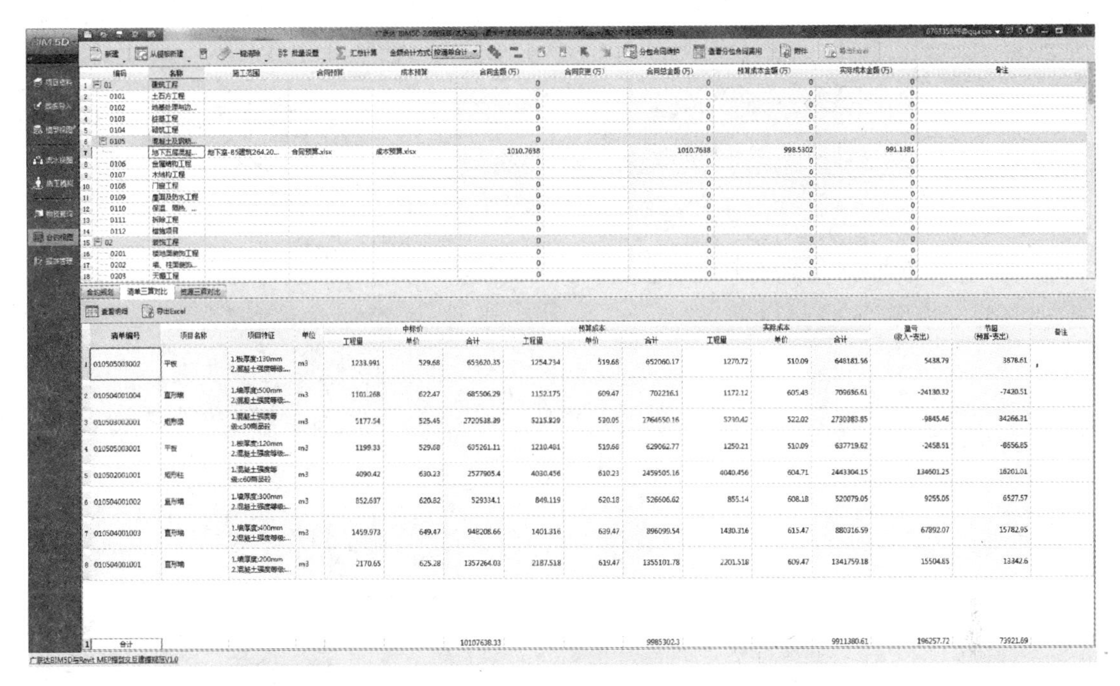

图 6-26　成本核算管控

6.7　施工方案

传统施工方案是以二维施工图为依据，并结合以往施工经验，主观选择施工设备及施工工艺，往往会遇到施工设备、施工工艺等选择不当影响施工的情况，而 BIM 技术则可以通过模拟施工、三维表现、信息传递等方面的特点对施工方案进行表述，因此将其用于施工方案管理，相对于传统方式，有很多优势。基于 BIM 施工方案的优点如表 6-8 所示。

基于 BIM 施工方案的优点　　**表 6-8**

基于 BIM 施工方案的优点	面向施工人员的三维技术交底，更加形象直观	墙体 500×500混凝土柱 水箱 500×500混凝土柱 水管 楼板 水箱基础

续表

<table>
<tr><td rowspan="2">基于 BIM 施工方案的优点</td><td>多方位展示施工方案</td><td>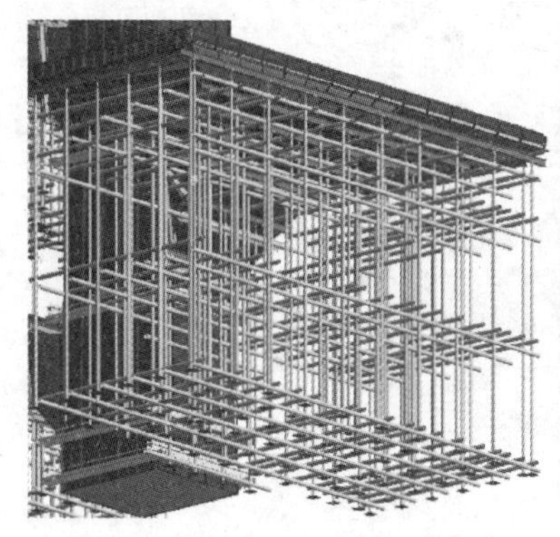 </td></tr>
<tr><td>便于各方沟通交流，快速决策</td><td></td></tr>
</table>

6.7.1 方案比选

建立施工方案模型，利用 BIM 可视化和参数化的特点对不同方案的系统性能、美观布置、成本造价等方面进行比较分析，综合考虑技术性、经济性、安全性、可操作性，最终选择最优设计方案。方案比选如图 6-27 所示。

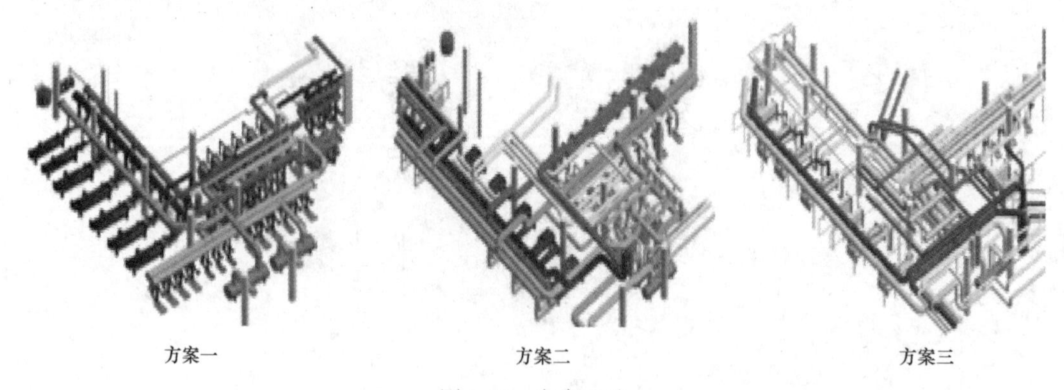

图 6-27 方案比选

6.7.2 可视化交底编制

借助 BIM 模型编制三维施工技术交底卡，利用三维可视化代替传统二维平面交底，使交底内容的编制变得更加容易，交底内容更贴近实际、理解起来更加通俗、易懂。可视化交底如图 6-28 所示。

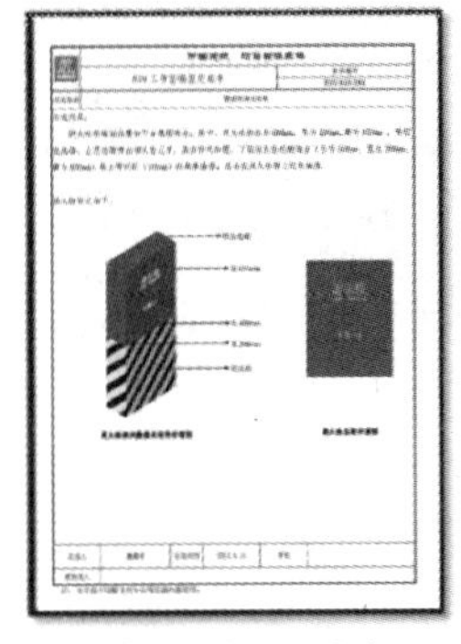

消火栓柜模型交底卡

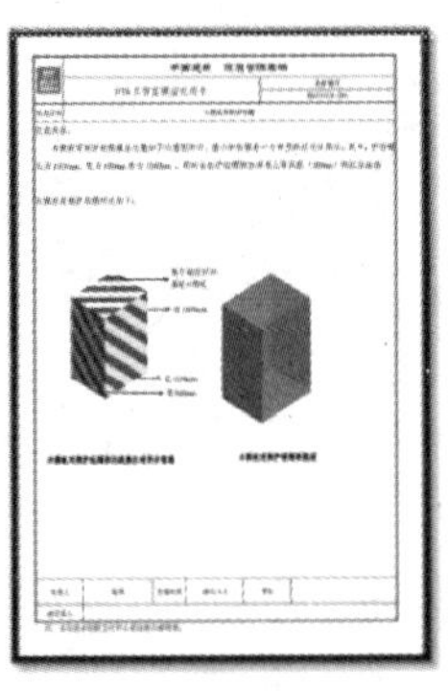

护桩帽模型交底卡

坡道桩防护模型交底卡

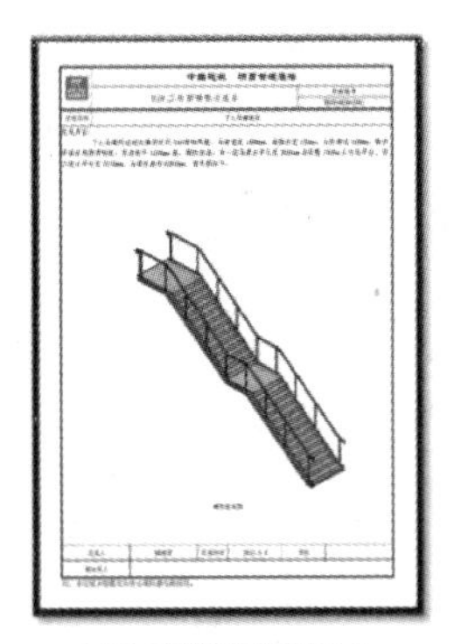

下人马道模型交底卡

图 6-28　可视化交底

6.7.3 方案模拟

通过 BIM 对施工方案进行模拟，对现场施工工作起到良好的示范、引导作用，可以提高施工管理人员指导作业的效率，确定施工机械选型及各工序穿插的合理性，确保工程质量和进度计划的顺利实施。方案模拟如表 6-9 所示。

方案模拟　　表 6-9

方案模拟	复杂节点施工方案模拟	模拟钢筋复杂节点绑扎工艺，合理确定绑扎顺序	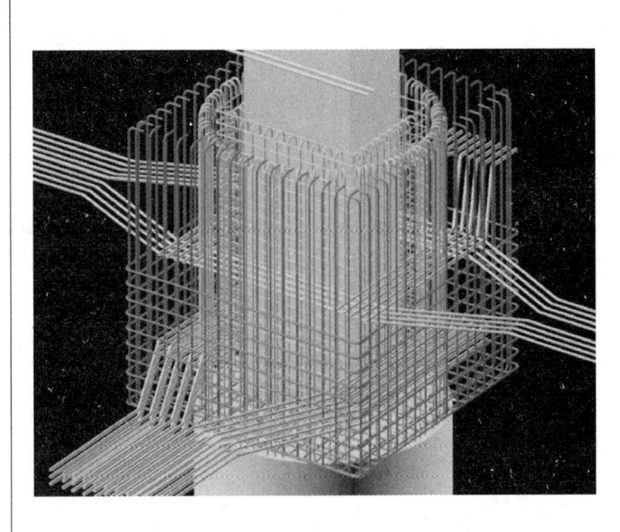

方案模拟	管道安装工艺模拟	对管廊，机房、设备层等管线集中、复杂的区域，各专业管线施工先后顺序及管道安装工艺进行模拟，确定各专业进场安装时间，避免后期拆改现象的发生	
	装配式模拟	模拟建筑构件装配施工过程，合理确定施工工序	
	钢结构现场安装模拟	模拟现场钢结构安装过程，为现场施工工作做良好的示范、引导作用	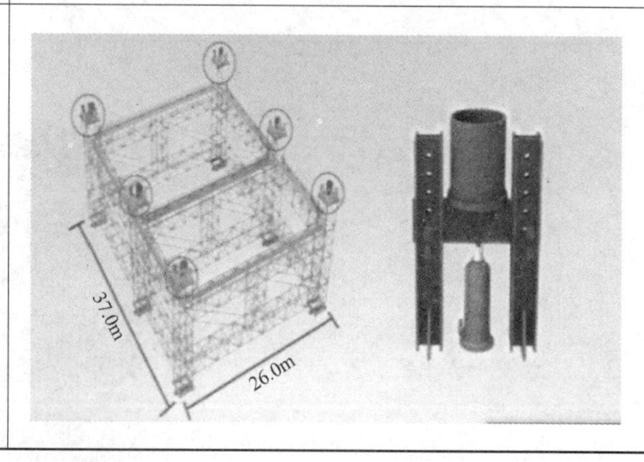

6.8 专项方案

利用BIM对危险性较大的专项施工方案（如：基坑支护、高支模、脚手架等）进行设计计算，并对方案的实施过程进行模拟，验证施工方案的合理性，此外，通过建立专项施工方案模型，能够有效地辨识施工过程可能存在的安全隐患，并在施工过程或施工前期加以控制，进而减低或消除存在的风险隐患，指导现场顺利实施。专项方案应用如表6-10所示。

专项方案应用　　表 6-10

<table>
<tr><td rowspan="3">专项方案BIM应用</td><td>基坑支护</td><td>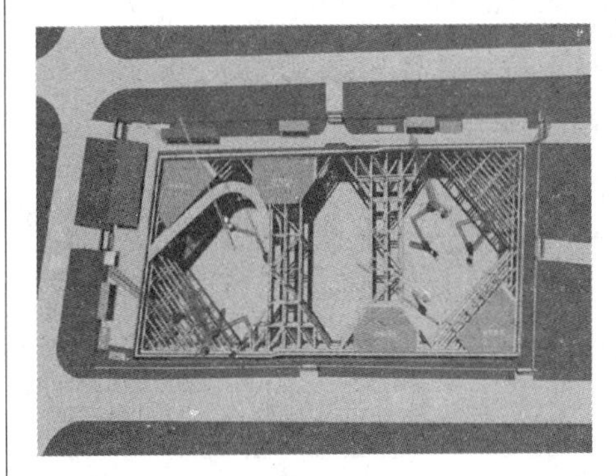</td><td>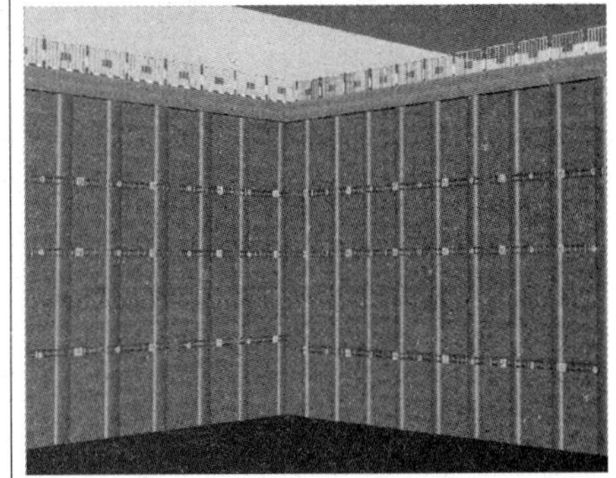</td></tr>
<tr><td>模板工程及支撑体系</td><td></td><td>
脚手架的扣件

脚手架顶部的顶托</td></tr>
<tr><td>起重机械安装与拆除</td><td colspan="2"></td></tr>
</table>

续表

<table>
<tr><td rowspan="2">专项方案BIM应用</td><td rowspan="2">脚手架工程</td><td rowspan="2">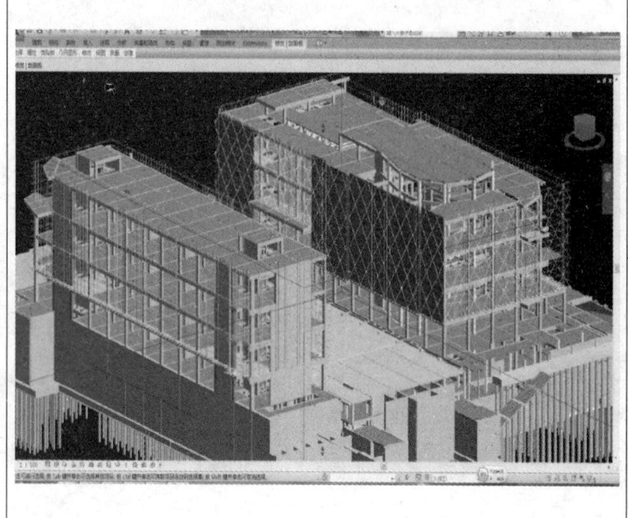</td><td>
转角处悬挑工字钢的排布</td></tr>
<tr><td>
水平处悬挑工字钢的排布</td></tr>
</table>

6.9 安全防护

借助BIM模型及漫游模拟功能，能够有效地查找施工现场存在的安全隐患，并根据隐患的存在位置，创建安全防护标准化设施，做到提前辨识，提前处理，确保安全策划工作的完备性与实施性，此外，利用BIM可视化特点对现场安全防护栏杆的标准化的制作与安装进行交底，指导安全防护设施的加工制作，也可以借助BIM工程算量功能，统计现场安全防护设施投入数量，指导安全防护标准化的现场实施。安全防护BIM应用如表6-11所示。

安全防护BIM应用 **表6-11**

危险源辨识	通过建筑BIM模型及漫游模拟，查找建筑物内可能存在的危险源，做到提前辨识，提前处理，确保安全策划工作的完备性与可实施性	 危险源辨识

续表

安全防护标准化设计	利用BIM可视化特点，创建安全防护标准构件设施，指导现场安全防护加工制作	  临边防护标准化设计安全通道标准化设计 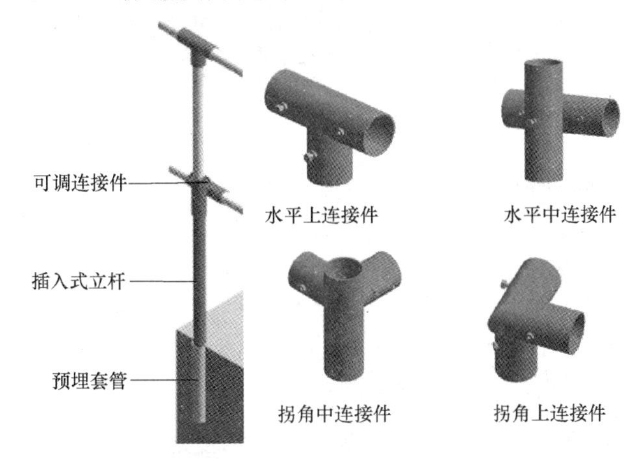 临边防护标准化设计标准化连接杆件设计
安全防护标准化实施	对查找到的危险区域进行安全防护设置，确保安全防护标准化统一	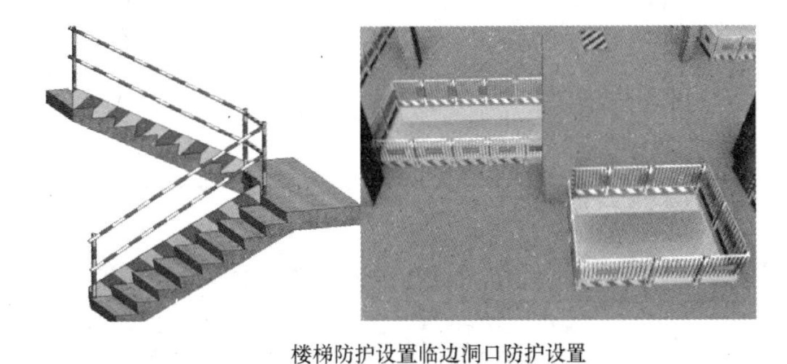 楼梯防护设置临边洞口防护设置 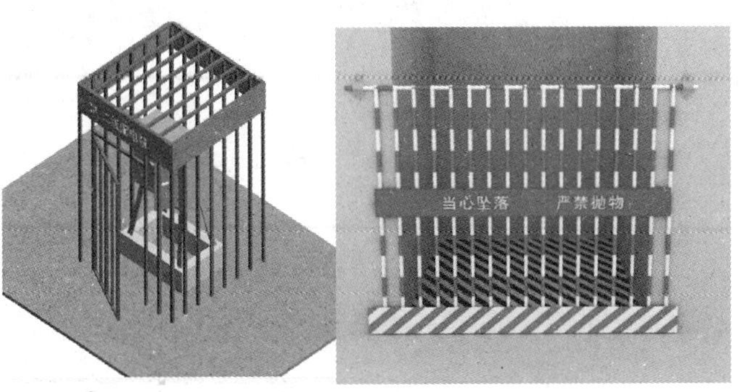 临时用电设备防护设置电梯井道洞口防护设置

续表

安全防护工程量提取	借助 BIM 工程算量功能,统计现场安全防护设施的投入数量	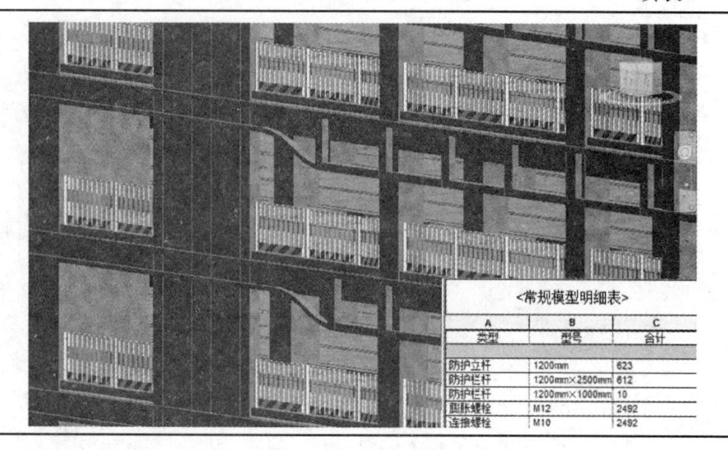

6.10 数字化样板

基于 BIM 的数字化样板取代传统工程质量样板引入方式，从根本上解决了实体质量样板制作产生资源消耗的问题，为工程质量样板引入开辟了新途径，优点如下：

（1）操作工艺简单，效率高：只需要借助电脑完成工程质量样板 BIM 模型的创建，并借助多媒体及三维效果图进行样板交底，整体工期缩短近 90%；

（2）资源投入少、综合成本低：不需要现场制作实体样板，无需施工人员、机械、材料的投入，无后期样板维护与拆除工作，降低施工成本；

（3）周转率高，资源消耗低：一次性设计，长期受益，经济效益明显，具有广泛的推广应用前景。

数字化样板如表 6-12 所示。

数字化样板 **表 6-12**

施工样板	楼梯样板	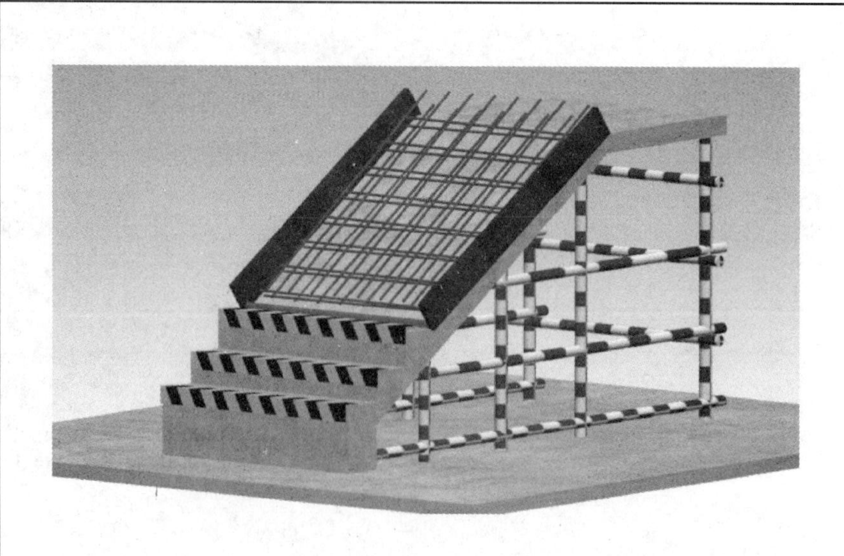

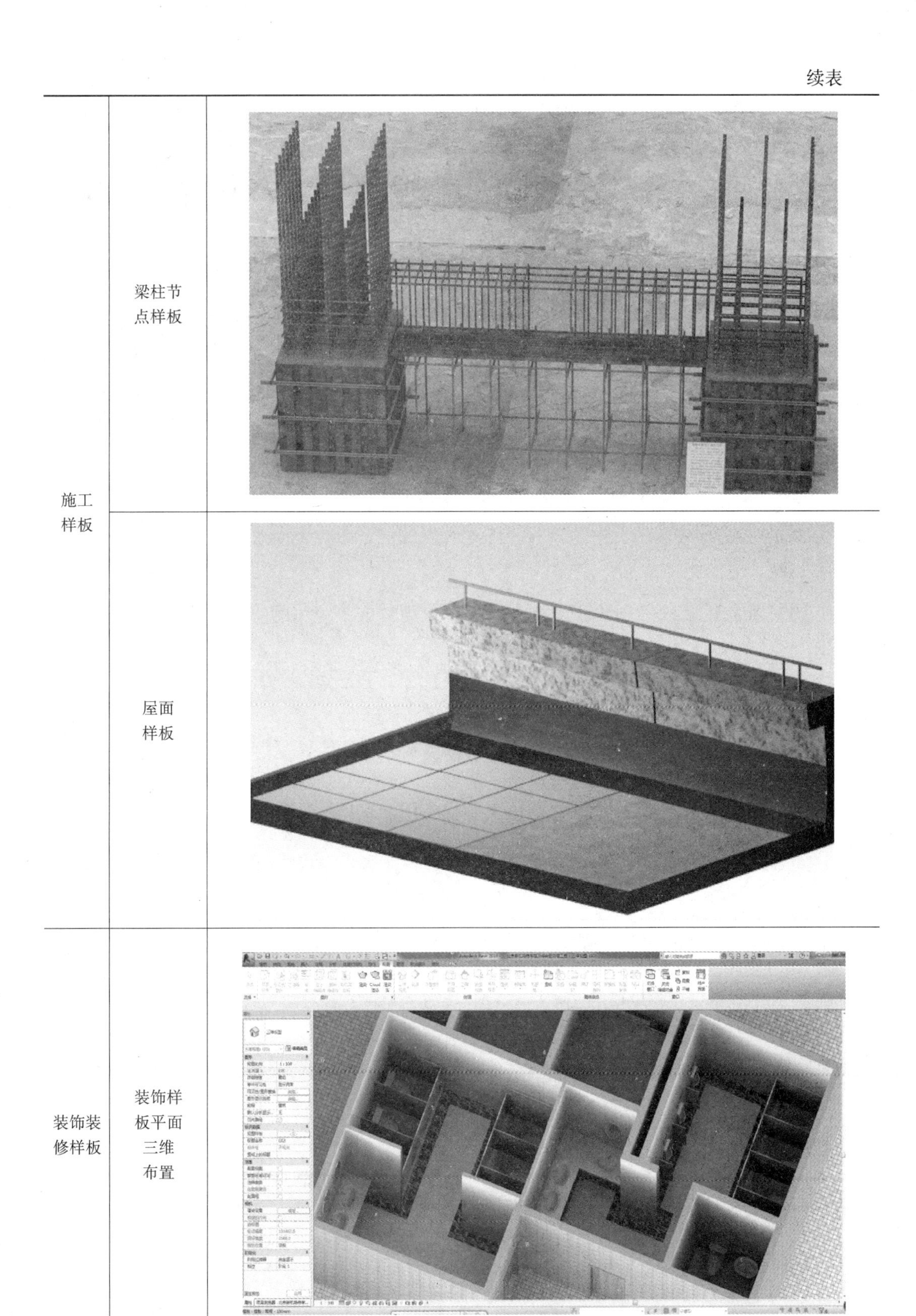

施工样板	梁柱节点样板	
	屋面样板	
装饰装修样板	装饰样板平面三维布置	

续表

装饰装修样板	数字样板与实体样板对比图	 BIM样板实体样板

思考题：

1. BIM 在施工管理策划阶段主要包含哪些应用？这些应用的实现主要借助了 BIM 哪些特性？

2. BIM 在深化设计中的应用主要包含哪些？

3. 基于 BIM 的深化设计模式主要包含哪几个特点？

4. BIM 在工期管理中的应用主要包含哪些？

5. 基于 BIM 的数字化样板有哪些优点？

6. BIM 在施工管理策划阶段主要包含哪些应用？这些应用的实现主要借助了 BIM 哪些特性？

参考文献

[1] 中建《建筑工程施工 BIM 应用指南》编委会. 建筑工程施工 BIM 应用指南 [M]. 北京：中国建筑工业出版社，2014.

[2] 中建《建筑工程设计 BIM 应用指南》编委会. 建筑工程施工 BIM 应用指南 [M]. 北京：中国建筑工业出版社，2014.

[3] 清华大学 BIM 课题组互联立方（isBIM）公司 BIM 课题组. 设计企业 BIM 实施标准指南 [M]. 北京：中国建筑工业出版社，2013.

[4] 中国建筑业协会工程建设质量管理分会. 首届工程建设 BIM 应用大赛成果选编（2013）[M]. 北京：中国城市出版社，2013.

[5] 中国建筑业协会工程建设质量管理分会. 第二届中国工程建设 BIM 应用大赛成果选编 [M]. 北京：中国城市出版社，2014.

[6] 李云贵，邱奎宁，王永义. 我国 BIM 技术研究与应用 [J]. 铁路技术创新，2014（2）：36-41.

[7] 何关培.《中国工程建设 BIM 应用研究报告 2011》解析 [J]. 土木建筑工程信息技术，2012，4（1）：15-21.

[8] 何清华，钱丽丽，段运峰，李永奎. BIM 在国内外应用的现状及障碍研究 [J]. 工程管理学报，

2012，26（1）：12-16.

［9］ 桑培东，肖立州，李春燕. BIM在设计一施工一体化中的应用［J］. 施工技术，2012，41（371）：25-26.

［10］ 王凯. 国外BIM标准研究［J］. 土木建筑工程信息技术，2013，5（1）：6-16.

［11］ 杨德磊. 国外BIM应用现状综述［J］. 土木建筑工程信息技术，2013，5（6）：89-94.

［12］ 方芳，六月君，李艳芳，许彬. 基于BIM的工程造价精细化管理研究［J］. 建筑经济，2014，6（380）：59-62.

第7章　BIM在施工管理中的应用——生产阶段

本章学习要点：

了解BIM在施工管理生产阶段主要包含的应用，及实现这些应用借助的BIM技术的特性，了解如何应用BIM技术实现移动终端在施工管理中的应用，掌握基于BIM技术的施工协调管理的优势，了解BIM在采购管理中的应用，了解三维扫描技术结合BIM技术存在的问题及未来发展方向。

本章介绍BIM在工程项目施工管理中生产阶段的应用，主要包括移动终端、计划调整、测量、协同工作、采购管理、施工管理、逆向过程、现场平面布置管理方面的内容。

7.1　移动终端

随着BIM大数据时代的到来，可以基于模型链接海量物理数据及通过手持式移动终端收集现场数据，进而利用这些数据支撑实际业务管理。由于数据庞大，为减少对硬件的需求，节省桌面产品资源，云技术被引入BIM工作中。建模画图这样基础设计工作会保留在桌面产品中，而所有需要密集型计算、协同工作的部分，后台需要调用云端的资源。

基于云技术的手持式移动终端在施工现场中的应用就是依托云计算及互联网技术，通过手持式移动终端进行现场信息采集，以文档管理、任务协作、团队沟通为核心特性，在虚拟的项目协作环境中连接工程项目中跨组织的人员、数据、流程，帮助工程项目团队实现动态成员管理和信息沟通、项目图形、文档的集中存储和高效分发共享，以及各种工作任务流程（如批阅、变更、验收检查等）的执行协调和跟踪落地。基于云技术的BIM实施如图7-1所示。

移动计算技术的进展极大解放了建筑业信息化生产力。过去建筑业管理人员的强移动性一直制约了信息技术在建筑行业的应用效果和应用机会。然而，近年来移动计算技术有了极大的突破，如4G网络的普及，智能手机用户量快速膨胀，同时平板电脑广泛流行，智能移动终端的计算能力大幅增长，为建筑业的移动计算创造了更好的条件，移动计算技术逐步进入成熟期和爆发期。

下面从质量管理、进度管理、成本管理三方面阐述基于云技术的移动终端在施工现场的应用。

7.1.1　质量管理方面

7.1.1.1　虚拟环境漫游

通过移动终端上的相应软件下载云服务器中的项目模型，即可在移动终端中用触摸或重量感应器控制观察全景方向，进行虚拟环境中的漫游。通过BIM模型的三维可视化技术对标识系统的合理性及空间定位进行分析以达到最好的视觉效果，使其应用性得到虚拟

图 7-1　基于云技术的 BIM 实施

验证。模型浏览如图 7-2 所示。二维图纸和三维模型相结合的虚拟漫游可以迅速针对构件或轴网定位。测量工具方便实际工程与 BIM 模型的对照验证。将构件隐藏或隔离，以查看其相关信息参数。模型属性查看如图 7-3 所示。

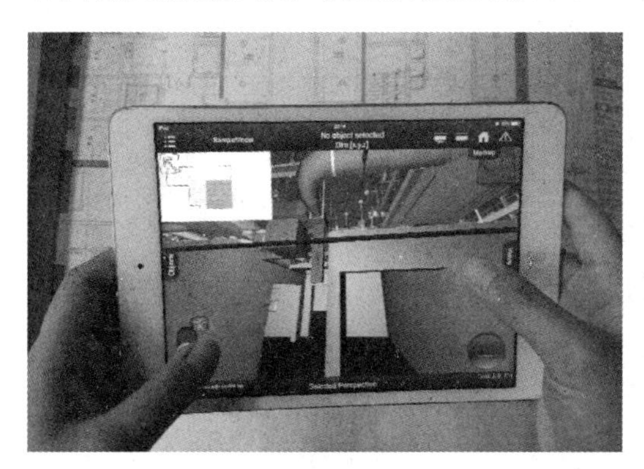
图 7-2　模型浏览图

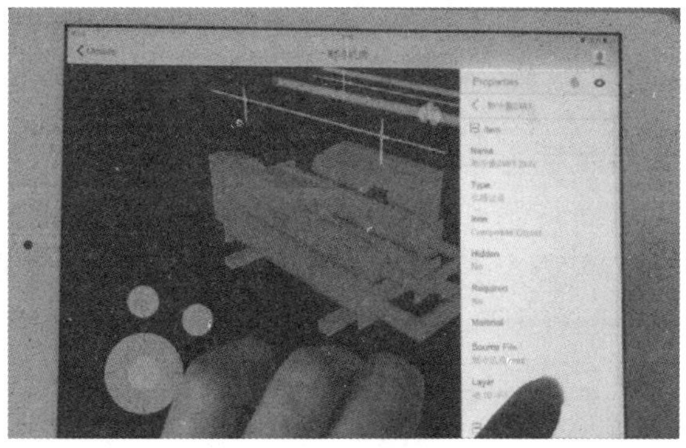
图 7-3　模型属性查看

移动终端的虚拟漫游可以使施工管理人员在现场迅速地对照查看实体工程和 BIM 模型的异同，通过智能移动终端的重力感应器验证墙柱的平直度，检验工程质量。

7.1.1.2　实施碰撞检查

通过手持式移动终端中的 BIM 模型在虚拟环境漫游与施工现场真实环境对照，可以进行冲突检测，验证设计测量值。可以随时记录检查结果，直接在构件上标注和加标签，设置描述、事件类型、分管人员检测日期及优先等级等资料。另外可以拍摄现场照片，现场和 BIM 模型相对照，并通过二维码关联检查结果，最终发邮件给相关负责人。事件描述及协同如图 7-4 所示，二维码关联检查结果如图 7-5 所示。

移动终端上的BIM管理平台提供全项目各个工作岗位上的人员检查清单，可以帮助他们记录、汇报自己的工作，实时控制错漏碰缺，例如制作质量、安全和调试清单，创建质量检查清单，让所有人都成为质量监督员。引导施工一线工作人员利用智能移动终端进行安全、质量控制，减少风险，可以加速项目的完成，显著减少成本，通过根本原因跟踪正面和负面结果。检查清单支持管理者进行所有数据的分析，进而更好地评价分包单位的问题解决效率。

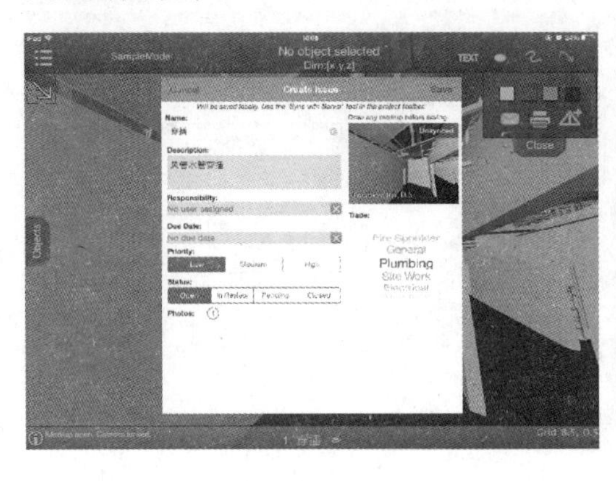

图 7-4　事件描述及协同图

图 7-5　二维码关联检查结果

7.1.2　进度管理方面

保证施工进度是每一个项目的管理目标，基于云技术的移动终端是帮助实现科学有效的进度管理的重要工具。

基于云技术的移动终端可以转变协作方式。移动终端的实时协同部分，提供了给业主、施工单位、设计单位等多团队间的跨地区协作平台，拉近了空间、节省了时间。发送出现问题的视角和描述给其他协作方，通过移动终端的上传、存储、共享、下载，在不同的地区可以实时更新云端上的同一个模型及其链接的数据，加速项目协同。基于移动端的BIM管理变革了传统的沟通协作方式，从而帮助施工管理者进行迅速的沟通，在正确的时间，正确的地点，访问到需要的数据。基于移动端的沟通方式如图7-6所示。

7.1.3　成本管理方面

7.1.3.1　无纸化的施工文档管理

基于移动终端的文档、图纸、相关行业规范管理，可以在任意时间、场地来调用、标注模型，以满足移动办公需要，将图纸、模型、规范轻松地带到施工现场，最大限度减少基于纸张、易出错的手动流程。

一方面文档管理体现在施工整个过程中，使往来文件和信息交互的效率有所提升；另外一方面，对于竣工文档交付，基于云技术的移动终端的应用能够提供革命性的电子文档竣工交付，可以是BIM模型本身，或者是基于IFC和COBie的工程信息交换格式的文件。施工文件以电子档案的形式关联在构件中，有利于方便快捷地查找从而更加节省了办公成本。

图 7-6　基于移动端的沟通方式

7.1.3.2　BIM 模型及数据的复用成本

基于移动终端的云平台可以整合行业内 50 种以上的文件格式，并具有双向工作流，可进行多种格式的交互。整合数据交换提高了模型复用度。在云端整合全专业模型，利用云端可以共享数据，浏览构件级别数据，一键访问 BIM 数据。

7.1.3.3　降低的硬件要求

云端凭借其强大的存储空间和快速的计算能力获得轻量级模型，再通过无线网络推送到客户端（智能手机、平板电脑），降低了大数据带来的硬件要求，可以降低硬件成本。

上述的应用并不是互相孤立的，从趋势来看已走向全面融合，云技术、BIM 技术、移动终端的融合为建筑行业信息化发展提供了推动力。

云计算可以解决建筑行业信息化的三大难题：移动性、易用性和信息同步。这三个方面提升后，建筑业信息化可以有一个大的突破，特别是会引起高管层对信息化的兴趣和投资的积极性，这对于推动建筑业信息化是至关重要的。正是基于云技术的移动终端应用把 BIM 带到了施工现场。

7.2　进度计划调整

工程项目的进度管理，指在全面分析工程项目的各项工作内容、工作程序、持续时间和逻辑关系的基础上编制进度计划，力求使拟定的计划具体可行、经济合理，并在计划实施过程中，为确保预定的进度目标的实现，通过采取各种有效措施而进行的组织、指挥、协调和控制等活动。合理安排进度有利于项目质量和成本的控制。盲目赶工或工期延误，都会造成费用失控，直接影响项目效益。

项目进度管理包括两个部分内容，即项目进度计划的制定和项目进度计划的控制。进度计划的编制方法主要有：里程碑计划、横道图、网络计划和项目管理软件等。进度控制的主要方式是通过实际进度的收集，来与进度计划进行比对分析，发现问题并及时调整计划。进度计划比较的主要方法有：甘特图比较法、S形曲线图比较法、香蕉曲线比较法、甘特图与香蕉曲线综合比较法、垂直图比较法、前锋线比较法等。

正式项目进度计划制定完成后，必须在施工过程中贯彻执行，要不断地对项目实际施工进展进行检测，比较实际进度与计划进度，分析偏差原因，进行进度计划修改或是缩小偏差的调整。总之，发现问题要及时采取措施加以解决，确保项目的工期目标得以实现。总结起来，进度控制的实质就是一系列调控行为的循环：检查发现问题进行进度计划的调整（制定措施）→执行新计划（措施）→检查发现问题。

项目进度计划控制包含以下内容：

① 监督进度计划的实施。按照进度计划的目标要求制定实施措施，按预设的计划进度安排各项工作，并监督执行。

② 收集、分析实时的进度信息。管理者获取进度信息的主要来源就是通过检查的方式，定期对施工情况进行检查来获得实时进度数据，对收集到的数据进行数学处理，并与原计划进行对比分析。

良好的施工进度计划可以协调项目各参与方，因此不论是对于业主方还是施工方，做好工程项目管理中的施工计划编制工作都是非常重要的。但是由于工程影响因素复杂多变，工程项目进度计划也存在某些问题并且有些问题存在一定的重复性。究其原因是由于传统计划编制方法存在某些局限性所造成的，为此，探索进度计划编制方法的技术创新显得尤为重要。目前大多数项目进度计划的编制很大程度上依赖于项目管理者的经验，虽然有施工合同、进度目标、施工方案等客观条件的支撑，但是项目的唯一性和个人经验的主观性难免会使进度计划存在不合理之处，并且现行的编制方法和工具相对比较抽象，不易对进度计划进行检查，一旦计划出了问题，那么按照计划所进行的施工过程必然也不会顺利。

BIM技术在施工准备期间可以应用到进度计划编制管理的多个方面，主要表现为进度管理的可视化功能、监控功能、记录功能、进度状态报告功能和计划的调整预测功能，以及施工现场管理策划可视化功能、辅助施工总平面管理功能、辅助环境保护功能、辅助防火保安功能。

资源及成本计划控制是项目管理中的重要组成部分，基于BIM技术的成本控制的基础是建立5D建筑信息模型，它将进度信息、成本信息与三维模型进行关联整合。

7.2.1 对比纠偏

在工程施工中，利用BIM技术编制与调整施工进度计划可以使全体参建人员很快理解进度计划的重要节点；同时进度计划通过实体模型的对应表示，可有利于发现施工差距，及时采取措施进行纠偏调整；即使遇到设计变更、施工图更改，也可以快速地联动修改进度计划。需要指出的是，基于BIM技术的施工进度计划编制所承担的分析推理工作其实离不开使用者的介入，这就要求使用者具有一定程度的操作经验和足够的专业知识，因此在设计阶段有施工人员介入能更好地依靠 BIM 技术来调整方案进行进度编排，使设计更具备可施工性。现今智能化、专业化施工进度软件对工期延误等现象会自动分析、计算出多种调整方案由使用者选择其中一种适当的方案或多个方案结合使用。同时也可以对影响工期进度的因素进行分析，避免相同原因影响施工进度。在施工进度计划编制中采用 BIM 技术可将工程变更结果及风险事件结果进行模拟。施工计划任务分解如图 7-7 所示，任务状态统计如图 7-8 所示。

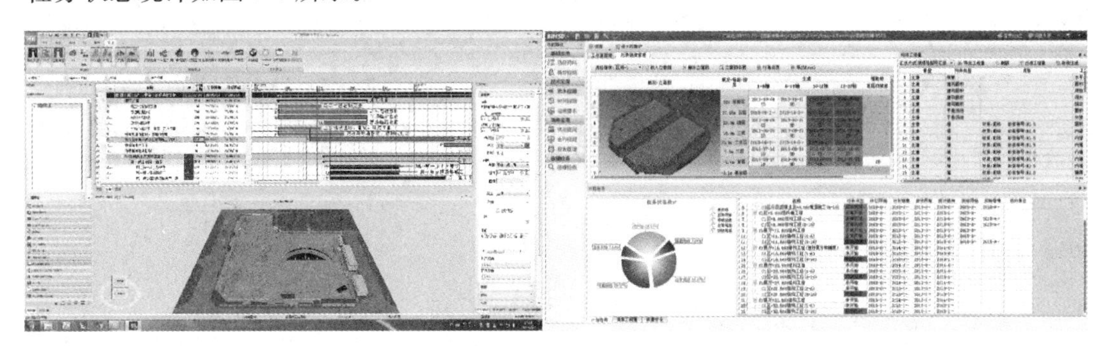

图 7-7　施工计划任务分解图　　　　图 7-8　任务状态统计

在计划方案编写阶段，可以利用 synchro 软件进行多个进度计划版本的对比，从施工工序、资源协调等方面综合考虑工序安排的合理性，确定最优施工进度计划方案。方案对比如图 7-9 所示。

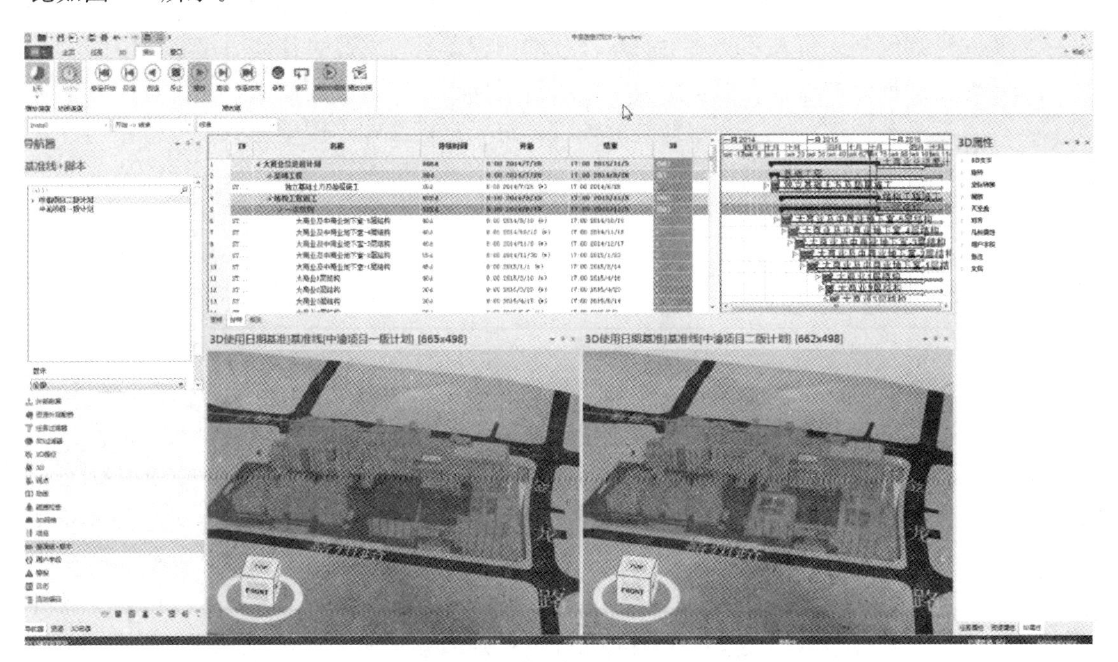

图 7-9　方案对比

7.2.2　工期对比

在项目准备阶段录入计划工期可以模拟计划工期执行的合理性，将施工阶段会出现的问题前置，提前解决存在的问题。在施工过程中，随工期进度录入实际工期，对比两项工期可以发现施工中存在的问题。图 7-10 中蓝色表示工期提前，图 7-11 中红色表示工期延误。

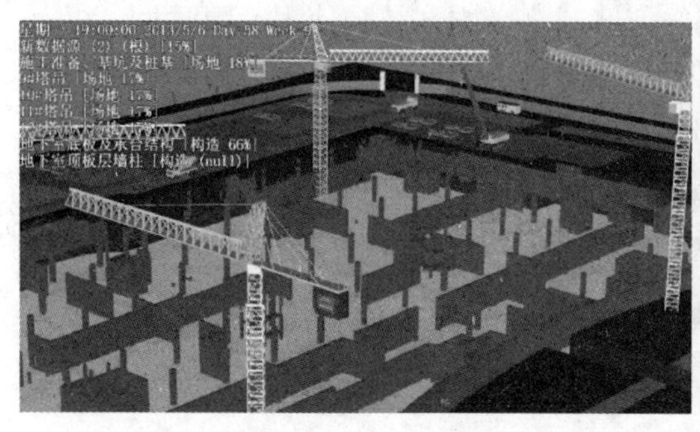

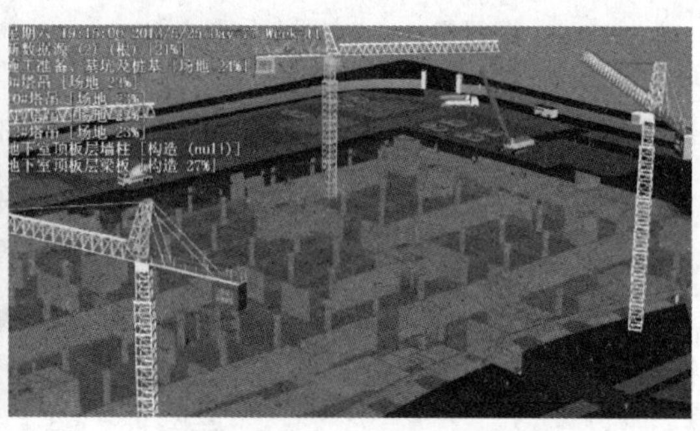

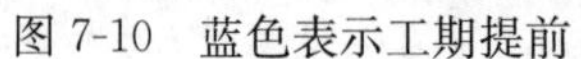

图 7-10　蓝色表示工期提前

图 7-11　红色表示工期延误

7.2.3　资源配置

通过 BIM 4D 模型的应用可以在项目整个建设过程中实现工程信息的高度共享，提高信息的利用价值，提高施工技术水平。BIM 4D 模型减少了进度计划编制人员翻阅图纸的工作量，缩短了施工前期的技术准备时间，提高了编制效率和准确性。BIM 4D 模型还可帮助施工人员更深层次地理解设计意图和施工方案要求，减少因信息传达错误而给施工带来不必要的问题，保证施工进度和质量，保证项目决策尽快执行。

传统的计划编制人员并不会对每一项任务的工程量进行估算，往往只是看一下图纸上的面积，然后根据以往项目大概多少天一层或者根据工期要求分配而来，并没有深入地研究每一项工期是否合理。对于造型复杂的项目，每一个标段在不同楼层的工程量相差可能会非常大，根据一层的时间套用其他楼层的工期并不是很准确，同时，各个标段的复杂程度（如钢结构工程量、结构形式的不同等）对于工期影响也是不一样的，这些因素都导致计划编制的粗放性。当然，这些可以通过仔细的查看图纸，深入分析每一块区域的工程量而得出相对准确的数据。但是传统的工作方法中，计划编制人员并没有这么多精力，往往时间也不允许进行如此细致的工作。

资源及成本计划控制是项目管理中的重要组成部分，基于 BIM 技术的成本控制的基础是建立 BIM 5D 建筑信息模型，它将进度信息和成本信息与三维模型进行关联整合。首先，BIM 模型中包含了构件的尺寸信息，BIM 软件可以自动生成每一个构件的混凝土用量，并且经过参数添加之后可以统计出不同混凝土标号的用量（目前 Revit 软件对于混凝土用量的统计趋于精确，鲁班及广联达软件可以提供精确的钢筋量）。工程信息都是按照建筑构件实体的形式分类保存的，每一个单独的构件都存入了其类型、尺寸、位置、材料等重要的几何和物理信息，把这些不同的构件按类别汇总、计算，就可以统计出该工程项目的各分部、分项工程的工程量。

通过该模型计算、模拟和优化对应于项目各施工阶段的劳务、材料、设备等的需求量，从而建立劳动力计划、材料需求计划和机械计划等，在此基础上形成项目成本计划，其中材料需求计划的准确性、及时性对于实现精细化成本管理和控制至关重要，它可通过

5D模型自动提取需求计划，并以此为依据指导采购以避免材料资源堆积和超支。根据形象进度利用5D模型自动计算完成工程量并向业主报量，与分包进行核算，可以提高计量工作效率，方便根据总包收入控制支出。在施工过程中周期性地对施工实际支出进行统计，将实际成本及时进行统计和归集，与预算成本、合同收入进行三算对比分析，可以获得项目超支和盈亏情况，对于超支的成本找出原因，采取针对性的成本控制措施将成本控制在计划成本内，可以有效实现成本的动态分析控制。动态资源曲线如图7-12所示。

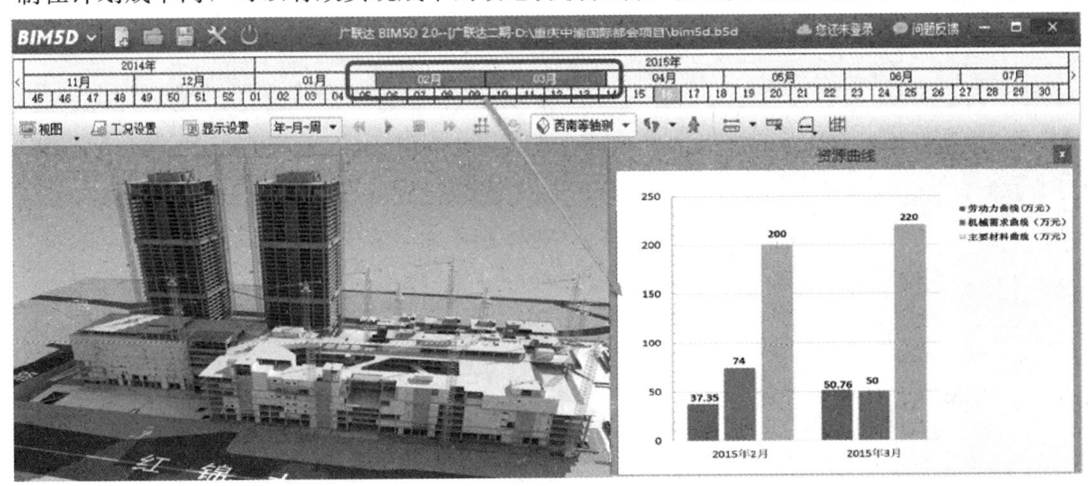

图7-12　动态资源曲线

基于BIM技术的施工计划编制同时还可以应用到物资采购管理方面，表现为辅助编制物资采购计划功能、物资现场管理功能，如图7-13所示。运用BIM能够快速准确地提取与处理庞大的工程量，并结合传统的网络计划技术、工作分解结构（WBS）方法协同处理进度—成本优化问题，给企业提供了一种新的优化施工进度成本的方法。该方法有助于充分发挥现代信息技术与传统经典方法的优势，进一步提高工程建设的信息化水平，更好地实现项目的管理目标。施工进度与成本模拟如图7-14所示。

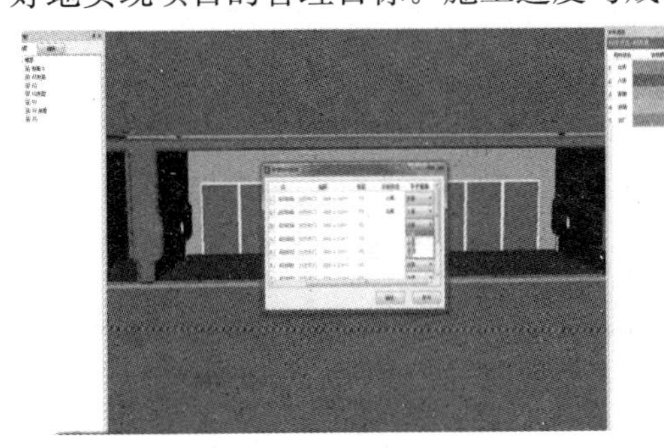

图7-13　物资现场管理图

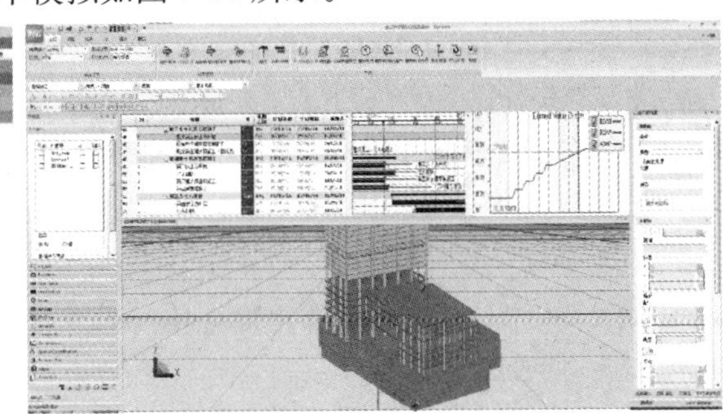

图7-14　施工进度与成本模拟

7.3　测量

发明和发展全站仪的初衷是为了最大可能地把人从繁复的劳动中解脱出来，并得到精度较高的数据，因此，未来全站仪的发展必将沿着数字化、一体化、自动化、信息化的道路进行。目前，BIM技术与测量工作的集成应用还处于初级阶段，其发展趋势之一是与云技术进一步的集成，通过云技术的使用可以通过网络进行移动终端与云端双向的数据同步，使BIM测量放线数据下载到移动终端和实际测量放样数据上传到云端更加便捷；另一个发展趋势是与项目质量控制进一步融合，使用于质量控制的模型修正无缝融入原有工作流程中，提升BIM应用价值。

智能型全站仪与BIM模型的结合包括如下几种方式：

首先，通过智能型全站仪与BIM模型的结合，将现场测绘所得到的实际建造的结构信息与模型中的数据进行对比，核对现场施工环境与结构BIM模型之间的偏差，为机电、精装、幕墙等专业的深化设计提供依据，使深化设计与现场更加一致。核对模型中的构件尺寸如图7-15所示。

其次，基于智能型全站仪高效精确的放样定位功能，结合施工现场轴网线、控制点、标高控制线，能将设计成果高效、快速地标定到施工现场，实现精确的施工放样，为施工人员提供更加准确直观的施工指导，提高测量放样效率。模型中控制点提取如图7-16所示。

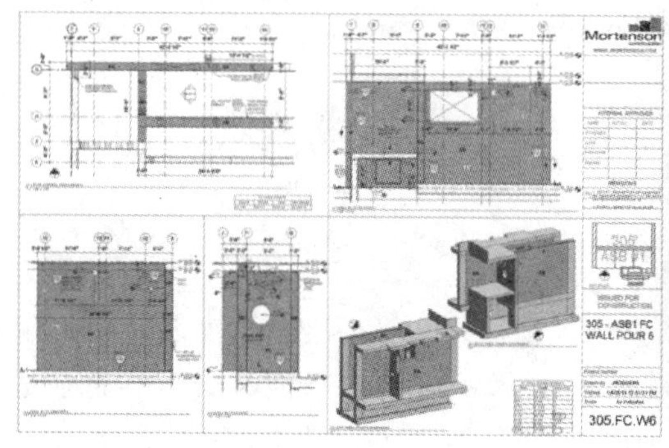

图7-15　核对模型中的构件尺寸图

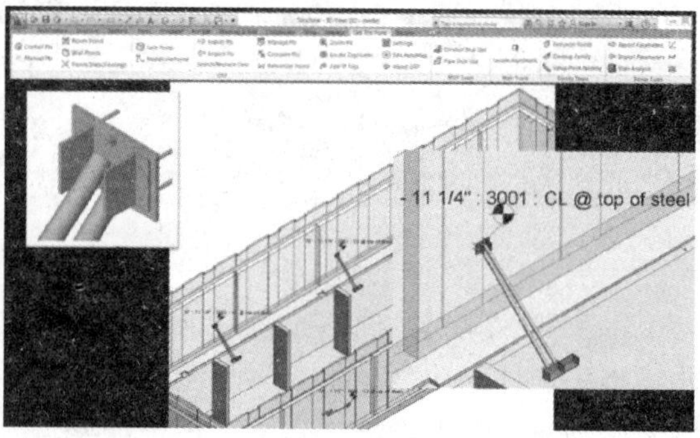

图7-16　模型中控制点提取

最后基于智能型全站仪精确的现场数据采集功能在施工完成后对现场实物进行实测实量，通过将实测数据与设计数据进行对比来检查施工质量是否符合要求，保障工程施工质量。测量手部如图7-17所示。

将BIM与智能型全站仪结合应用，即通过全站仪把BIM模型带入施工现场，使BIM模型中的三维空间坐标数据能够驱动全站仪进行测量，从而可以将BIM技术实实在在地融入测量工作中。施工现场测量工作如图7-18所示。

BIM技术与智能型全站仪结合应用的方式是将含有放样定位数据（设计坐标与尺寸）的BIM模型导入安装有“测量放样应用程序”的平板电脑（移动端）。

7.3.1　变形监测

地下工程（基坑、隧道等）施工BIM 4D监测技术是与地下工程施工工况相结合的三维模型显示监测技术，通过三维建模技术（如BIM技术）直观地表达出地下工程施工工况、监测点布置，并将采集的监测数据通过互联网连接显示，从而可以实现地下工程施工监测数据的远程监控，达到地下工程信息化施工的目的。重庆红旗河沟地铁车站隧道4D监测技术如图7-19所示。

通过基坑BIM模型的建立，可以在模型中添加、删除、修改监测点，并通过后台数据的连接实现对现场基坑的远程监测。基坑 4D 监测模型如图 7-20 所示。

图 7-17　测量手部

图 7-18　施工现场测量工作

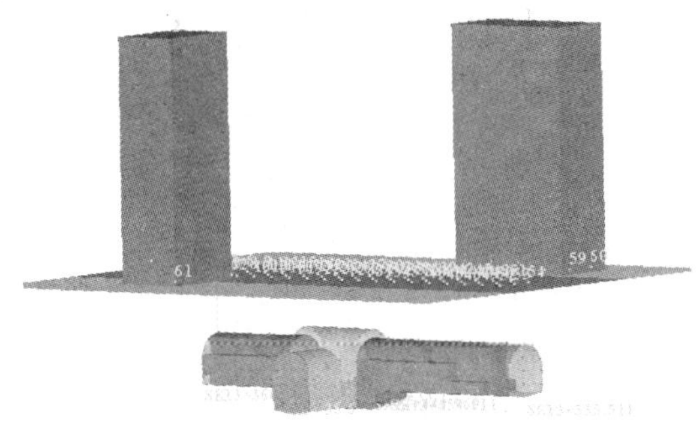

图 7-19　重庆红旗河沟地铁车站隧道 4D 监测技术

图 7-20　基坑 4D 监测模型

7.3.2　测量管理

通过将 BIM 模型或 CAD 图导入到 BIM 360 Layout 中，利用移动终端定位系统与传统测量设备相结合，原本需要两人完成的施工放样工作可由一名人员完成。IPad 读取模型位置如图 7-21 所示。移动终端定位系统与传统设备结合如图 7-22 所示。

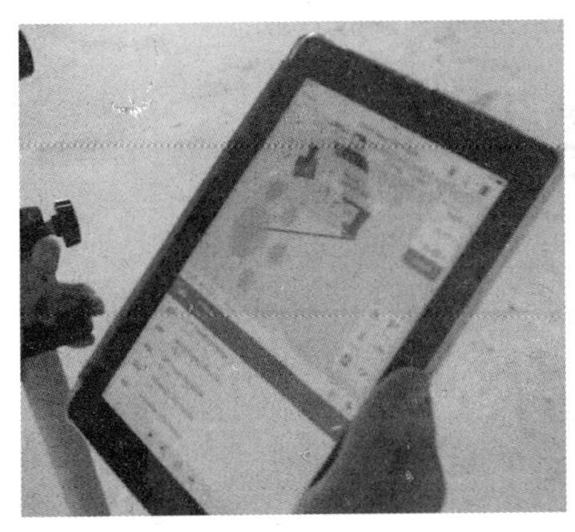

图 7-21　IPad 读取模型位置图

图 7-22　移动终端定位系统与传统设备结合

7.4 协同工作

建筑施工项目具有周期长、参与者多、专业细等特点，这使得施工现场及时沟通协同的必要性和重要性大大增强，协同效率低下往往是造成项目失败的重要原因之一。究其根本，往往是在错误的时间把错误的信息发送给错误的人，由此做出了错误的理解或相互矛盾的决策。解决这些问题核心就是能够更准确地创建信息，及时地传递信息，更快地反馈信息。

目前，物联网、移动应用等新的客户端技术迅速地得到发展普及，它们依托云技术和大数据实现协同工作，满足了工程现场数据和信息的实时采集、分析优化、及时分发和随时获取，形成了“云＋端”的应用方式。这种基于网络的多方协同应用方式可与BIM技术集成应用，形成优势互补。一方面，BIM技术提供协同的介质，BIM技术基于统一的模型工作，提高模型的复用度，使数据源相同。另一方面，“云＋端”的应用模式可更好地支持基于BIM模型的数据获取和传递，为工程现场基于BIM技术的协同提供新的技术手段，这也会成为BIM应用的一个趋势。

7.4.1 施工现场不同参与者之间的协同共享

在BIM技术与云技术、移动技术集成应用的过程中，BIM数据放到云端、现场的工作人员通过移动端可以及时获取自己所需要的信息。基于这种模式可支持不同业务的协同工作，例如现场基于模型的沟通。项目成员在施工现场可以通过手机或PAD实时进行模型的浏览和查询，针对现场问题进行模型标注，其他人员如分包商、监理、业主等可以通过移动端或网页端获取信息，进行及时的沟通和修正。协同工作会议如图7-23所示。

图7-23 协同工作会议

7.4.2 施工现场管理过程的实时监控

通过BIM技术与云计算、物联网技术集成应用，可满足施工现场很多管理业务的及时跟踪与监控需求。例如，材料跟踪检查可通过RFID技术实现材料设备的进场验收、施工部位的使用跟踪，并将数据与BIM平台中相关构件的信息要求进行对比，监控现场材料堆放、搬运、使用，实现对施工进度、重点部位与隐蔽工程等的材料管理，对材料、设备进行校核，最终建立与现场实际工况一致的三维模型。

总之，BIM应用强调的是以整合各专业的BIM模型为基础，在施工过程中如何被不同的业务部门使用，并发挥更大价值。云技术、移动技术等与BIM技术的结合应用使得BIM技术跨越了时空限制，真正进入了施工现场，符合工程项目移动式办公的特点。因此，这种应用模式必然会为现场管理和协同工作带来革命。

利用数据库技术对建筑信息、材料信息进行储存管理；利用BIM显示技术对承建工程进行三维可视化处理。数据库与模型结合实现工程中所有构件信息管理及构件绘制交互管理。在施工过程中，针对设计变更只需要修改变更的地方，所有相关信息自动同步更新；材料统计、工程进度随时查看；方便施工单位对施工进度、工程成本进行管理控制。通过计划与实际工程材料的消耗进行对比，获取当前工程施工进度情况，科学地调整施工材料采购、进场、储存、安装计划，加强对材料的管理，节约建筑材料，提高施工效率，实现企业最大化的利润。

7.5 采购管理

建筑材料成本在建筑工程施工成本构成中所占比重最大，约占工程总成本的60%～70%。材料管理工作是施工项目管理工作中的重要内容。通过对材料管理工作的不断加强可以使施工企业能更进一步完善对材料的管理，从而避免浪费、节约费用、降低成本，使施工企业获取更多利润。

施工现场材料管理主要是通过科学的方法，采取相应的措施对施工现场的材料进行有效的管理。材料管理的目标是系统地管理材料的采购计划、运输周期、进场验收、堆放位置及领用的全过程，监督其质量和数量，保证工程质量、降低工程成本。为了达到这一管理的目的，管理者应当借助先进的技术手段，制定合理的材料管理措施。可以利用数据库技术对建筑信息、材料信息进行储存管理；可以利用BIM显示技术对承建工程进行三维可视化处理。数据库与模型结合实现工程中所有构件信息管理及构件绘制交互管理。在施工过程中，针对设计变更只需要修改变更的地方，所有相关信息自动同步更新；材料统计、工程进度随时查看；方便施工单位对施工进度、工程成本进行管理控制。通过计划与实际工程材料的消耗进行对比，获取当前工程施工进度情况，科学地调整施工材料采购、进场、储存、安装计划，加强对材料的管理，节约建筑材料，提高施工效率，实现企业的利润最大化。

7.5.1 传统材料管理与基于BIM技术的材料管理对比

7.5.1.1 传统材料管理

材料作为构成工程实体的生产要素，其管理的经济效益与整个建筑企业的经济效益关系极大。就建筑施工企业而言，材料管理工作的好坏体现在两个方面：一方面是材料损耗；另一方面则是材料采购、库存管理。

对企业资源的控制和利用、更好地协调供求、提高资源配置效率已经逐渐成为施工企业重要的管理方向。当前没有合适的管理机制适应所有施工企业的材料管理。传统方法需要大量人力、物力对材料库存进行管理，效率低下，经常事倍功半。随着计算机技术的发展出现了不少施工管理方面的软件，但是由于功能繁杂、操作复杂，不利于推广使用。

传统材料管理模式是企业或者项目部根据施工现场实际情况制定相应的材料管理制度和流程，这个流程主要是依靠施工现场的材料员、技术员、施工员和保管员来完成。施工现场的多样性、固定性和庞大性，决定了施工现场材料管理具有周期长、种类繁多、保管方式复杂等特殊性，这些特性决定了施工材料管理具有以下特点：

其一，施工周期长决定了施工现场材料管理周密复杂、露天保管多；

其二，施工过程的不确定性决定了现场材料管理的多变性，往往计划赶不上变化；

其三，专业工种多决定了现场材料品种繁多。

传统材料管理模式存在以下的问题：

其一，核算不准确，造成大量材料现场积压、占用大量资金、工程成本升高，施工安排与材料进场安排有偏差，对施工进度造成影响；

其二，材料申报审核不严格造成错误采购，损失大量资金；

其三，变更签证手续办理不及时导致变更手续失效，易引起参建方的纠纷。

7.5.1.2　基于 BIM 技术的材料管理

BIM 的价值贯穿建筑全生命期，建筑工程所有的参与方都有各自关心的问题需要解决。但是不同参与方关注的重点不同，基于每一环节上的每一个单位需求，整个建筑工程行业希望提前能有一个虚拟现实作为参考。BIM 恰恰是实现虚拟现实的一个绝佳手段，它利用数字建模软件把真实的建筑信息参数化、数字化后形成模型，以此为平台，从设计师、工程师到施工，再到运维管理单位，都可以在整个建筑项目的全生命期进行信息的对接和共享。BIM 的四个突出特点可以为所有项目参与方提供直观的需求效果呈现。

1. 三维可视化方面

三维模型能够有效地为客户提供可视化的设计方案和施工方案模拟。工程项目在建筑设计、材料的选购、施工方案和材料现场堆放管理等方面对于直观的三维模型需求更高。而 BIM 技术能够为项目提供直观的材料三维模型和施工模拟三维模型，满足材料运输和堆放在三维可视化方面的需求。

2. 协同管理方面

在工程项目建设过程中，业主、设计单位、施工单位和材料供应商对整个项目的建筑材料进行协同管理，整个项目形成一条工业化的产业链。在设计阶段，业主、施工单位和材料生产商要参与整个建筑设计方案的研究，以便更好地满足用户的个性化价值需求、制定施工技术方案和材料的生产方案。项目中所用材料对全产业链上项目的各参与方协同管理的要求更高。采用 BIM 技术信息化管理手段能协调项目建造过程中各参与方获得有效的材料管理信息。

3. 精细化管理方面

项目在设计、施工、运行和维护阶段需建立精细化的材料信息库，以便工程项目各参与方能够及时准确地查询、订购、使用和生产材料，实现建筑施工过程中对材料需求和使用的精细化管理。BIM 技术能够建立材料信息库，实现对材料生产、使用和维护的精细化管理，同时也能为项目各参与方提供信息共享，打破建筑材料管理的信息断层。

4. 信息的可追溯性方面

建筑在运行阶段，用户可以根据使用功能的需求对使用的材料进行维护、更换和调整，材料的生产信息、材料功能参数信息和施工方案等工程历史信息对建筑的维护就显得尤为重要。BIM 技术能够记载建筑施工过程中详细的工程信息与建筑材料信息，在发生工程变更时能够在 BIM 中详细地记录，并对建筑的绿色等级迅速地进行评价，这些优势为项目和材料后期的维护和管理提供了信息的可追溯性。

7.5.1.3 基于 BIM 的材料管理流程

进度管理与材料管理是施工单位在项目实施过程中管理的重点内容，利用 BIM 技术建立三维模型，基于材料信息及时间信息来完成管理功能，就可以实现施工阶段的 BIM 应用，从而对整个施工过程的建筑材料进行有效管理。基于 BIM 的材料管理流程如图 7-24所示。

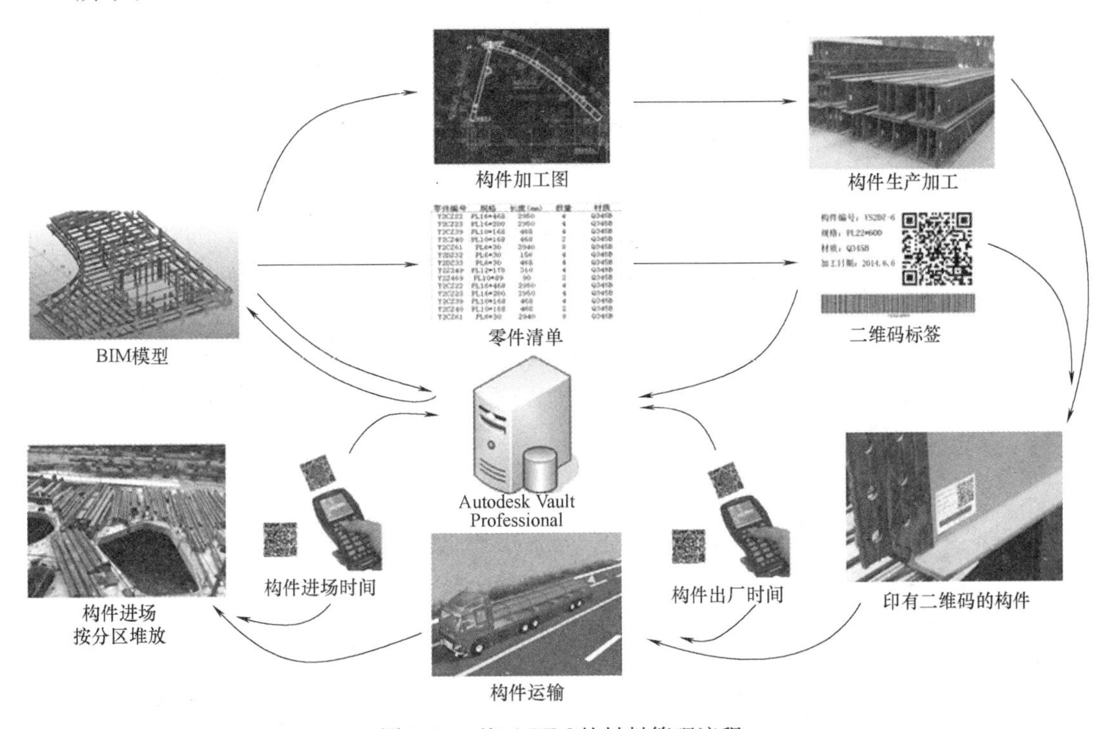

图 7-24 基于 BIM 的材料管理流程

7.5.2 模型创建与审核

BIM 模型的创建工作与通常 BIM 应用要求的建模方法和标准没有明显的区别，为了提高建模的效率可以使用快速建模软件进行建模。将 BIM 用于材料管理需要考虑到施工的组织和部署，而且也需要与 4D 工期计划相结合，所以在建模和审核时需要注意以下三个问题：

（1）模型的精度要满足要求。用于材料管理的 BIM 模型精度需要达到 LOD 400，只有 BIM 模型的精度足够，才能将建筑中所使用的建筑材料体现出来或使材料信息有录入的载体。

（2）模型的拆分与施工组织部署一致。只有 BIM 模型的拆分与施工组织部署一致，材料数据才能按照施工段进行生成（录入）、统计和输出。

（3）模型中构件的材质名称、类型设置准确。准确地录入材质名称和构件类型才能方便查找特定的材料，精确统计各种材料用量，便于材料管理的实现。

7.5.3 构件编码及加工

可以将模型导出的材料清单传输至 BIM 数据库中，构件编号严格根据“构件命名原则”制定，便于构件定位、查询。可以录入构件规格、材质、属性，便于加工、质量验收。可以根据“材料堆放分区方案”输入楼层区域、堆放位置，便于安装定位。利用 BIM 技术可以快速、准确统计工程量，便于构件加工、下料。工程量清单如图 7-25 所示。

	A	B	C	D	E	F
1	构件编号	规格	材质	属性	楼层区域	堆放位置
2	YS2DZ-6	PL22*600	Q345B	柱	5F	B2
3	YS2DZ-7	PL22*600	Q345B	柱	5F	B2
4	YS2DZ-8	PL22*600	Q345B	柱	5F	B2
5	YS2DZ-9	PL22*600	Q345B	柱	5F	B2
6	YS2GZ-1	PL20*260	Q345B	柱	5F	B2
7	YS2GZ-10	PL20*600	Q345B	柱	5F	B2
8	YS2GZ-11	PL20*600	Q345B	柱	5F	B2
9	YS2GZ-17	PL24*700	Q345B	柱	5F	B2
10	YS2GZ-2	PL20*260	Q345B	柱	5F	B2
11	YS2GZ-20	PL24*700	Q345B	柱	5F	B2
12	YS2GZ-29	PIP1000*30	Q345B	柱	5F	B2
13	YS2GZ-3	PL20*260	Q345B	柱	5F	B2
14	YS2GZ-31	PIP600*18	Q345B	柱	5F	B2
15	YS2GZ-32	PIP700*16	Q345B	柱	5F	B2
16	YS2GZ-34	PIP700*16	Q345B	柱	5F	B2
17	YS2GZ-40	PL24*700	Q345B	柱	5F	B2
18	YS2GZ-5	PL20*600	Q345B	柱	5F	B2
19	YS2GZ-8	PL20*600	Q345B	柱	5F	B2
20	YS2GZs-12	PIP1400*40	Q345B	柱	5F	B2
21	YS2GZs-14	PIP1400*40	Q345B	柱	5F	B2
22	YS2GZs-15	PIP1400*40	Q345B	柱	5F	B2
23	YS2GZs-16	PIP1000*30	Q345B	柱	5F	B2
24	YS2GZs-17	PIP1000*30	Q345B	柱	5F	B2
25	YS2GZs-18	PIP1000*30	Q345B	柱	5F	B2
26	YS2GZs-5	PIP1100*40	Q345B	柱	5F	B2
27	YS5CL-32	HN600*200*11*17	Q345B	梁	5F-A1	B1
28	YS5CL-47	HN400*200*8*13	Q345B	梁	5F-A1	B1
29	YS5CL-48	HN400*200*8*13	Q345B	梁	5F-A1	B1
30	YS5CL-76	HN450*200*9*14	Q345B	梁	5F-A1	B1
31	YS5CL-78	HN450*200*9*14	Q345B	梁	5F-A1	B1

图 7-25　工程量清单

可以从模型中精确导出构件加工图，用 BarTender professional 软件制作构件二维码，粘贴在各构件上与 BIM 数据库进行对接，便于构件管理；便于施工现场材料堆放、构件查询、安装定位等；利于构件的全生命期追踪及管理。二维码标签如图 7-26 所示。

7.5.4 构件运输

结合 BIM 四维仿真进度安排构件运输时间，材料出厂、进场时，工作人员扫描条码，将出厂时间、进场时间录入到 BIM 数据库中，可实时查看构件状态，便于运输管理与验收并做出相应预警。材料进场如图 7-27 所示，进场扫描如图 7-28 所示。

图 7-26　二维码标签

图 7-27　材料进场

图 7-28　进场扫描

7.5.5 构件堆放

材料的精细管理一直是项目管理的难题，施工现场材料的浪费、积压等现象较为普遍，运用BIM技术结合施工工序及工程形象进度可以周密安排材料进场和堆放，不仅能保证工期与施工的连续性，而且能提高资金利用率，降低库存，减少材料二次搬运。同时，材料管理人员根据工程实际进度可以快速地提取施工各阶段材料用量，在下达施工任务书中，附上完成各项施工任务的材料用量上限值，进行限额发料，防止错发、超发、漏发等无计划用料，从源头上做好材料的有效把控，可以减少施工中的材料浪费。

利用BIM模型进行场地平面布置，可以规划材料堆放分区、施工分区，施工人员根据扫描结果依分区堆放构件。移动端二维扫描材料堆放位置如图7-29所示。

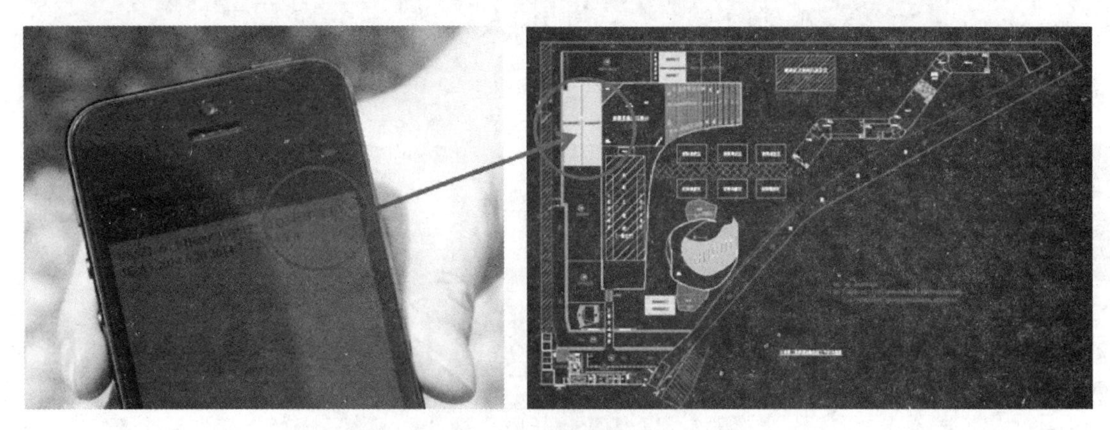

图7-29　移动端二维扫描材料堆放位置

根据二维码中构件的施工分区信息可以进行吊装、安装。在模型中可以直观显示构件的安装信息，如堆放中、已安装等，便于管理施工进度。

7.5.6 物料跟踪

材料管理与施工进度协同作用才能产生应用价值，将BIM中的材料数据与施工计划信息相结合可以实现BIM技术在施工材料管理中的跟踪功能。

通过BIM软件可以对当前工程的所有建筑材料进行管理，包括对材料编号、材料分类、材料名称、材料进出库数量和时间、下一施工阶段所需材料量，可以随时查看材料情况，及时了解材料消耗、建材采购资金需求。

在创建建筑模型时设定楼层信息，绘制墙、梁、板、柱等建筑构件，可以设定各个构件材料类别、尺寸等信息，输入材料信息、材料编码、类别、数量，设定工程进度计划，输入变更信息，包括工程设计变更、施工进度变更等，从而可以实现材料管理与4D计划整合来更好地支持物料管理以及更好地适应变更管理。

7.5.6.1 材料数据与4D计划整合

材料数据与4D计划整合可通过如下方式实现：通过制作构件二维码并粘贴在各构件上与BIM数据库进行对接，就可以结合BIM四维仿真进度实时追踪设备状态，安排构件运输时间，采用无线移动终端RFID技术把构件出厂时间、进场时间录入到BIM数据库中，把预制、加工等工厂制造的部件、构件从设计、采购、加工、运输、存储、安装、使用的全过程与 BIM 模型集成，可以实现基于数据库的可视化管理，避免任何一个环节出现问题给施工、进度及质量带来影响。无线移动终端 RFID 技术如图 7-30 所示。管理人员可以根据 RFID 传递的信息对物料的状态（例如施工进度情况、材料使用情况等）实时掌控，便于管理，从而杜绝了材料浪费、库存数量不透明等等一系列现象的发生。基于 RFID 的物料追踪系统可对物料运输与使用情况进行实时追踪，输出所需材料信息表，按需要获取已完工程消耗材料表、下个阶段工程施工所需材料表。对比实际情况与工作计划可以发现施工管理中出现的进度问题、材料的库存管理问题，从而及时调整，避免损失。基于 RFID 的物料追踪系统如图 7-31 所示。

图 7-30　无线移动终端 RFID 技术

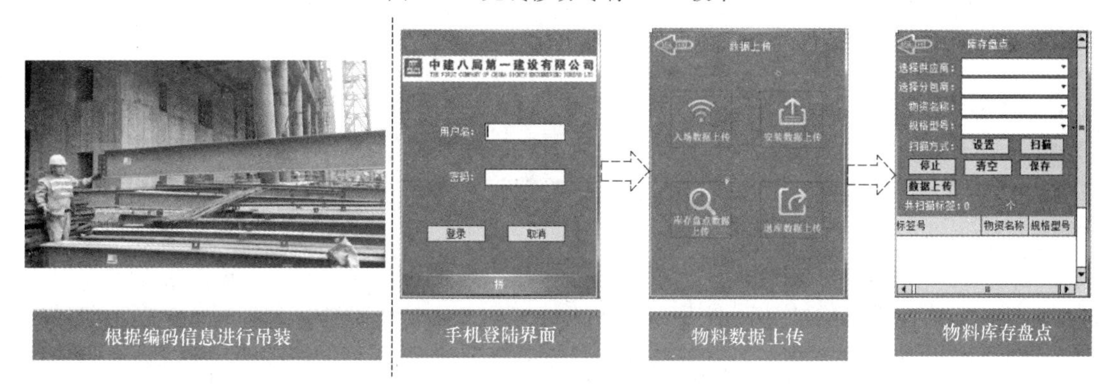

图 7-31　基于 RFID 的物料追踪系统

7.5.6.2　提高工程变更的效率

实现材料管理与 4D 计划整合可以提高工程变更管理的效率。工程设计变更和增加签证在项目施工过程中会经常发生。工程变更不及时往往会造成材料积压。基于 BIM 的材料管理可以随着 BIM 模型的动态维护及时地将变更相关的材料用量反映出来，提醒相关人员及时办理相关变革签证手续。根据工程进度实时调取包括混凝土用量、门窗数量等在内的工程量信息，为进料提供依据。利用 BIM 技术提供物资清单如图 7-32 所示。

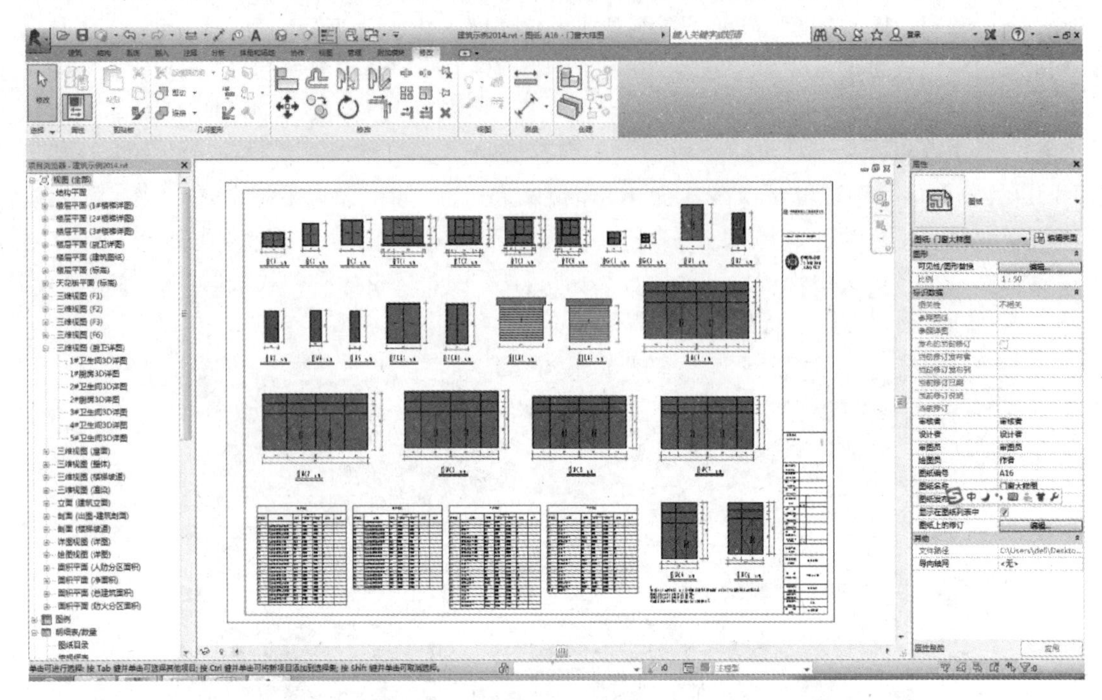

图 7-32 利用 BIM 技术提供物资清单

7.6 施工管理

7.6.1 质量

BIM 辅助下的质量管理为工程参建各方提供很多便利，技术层面上主要从信息传输、加工、使用三个方面来比较 BIM 技术与传统项目管理系统的区别。项目参与方较多，信息输入多停留在本部门或者单体工程的层面，易形成质量信息孤岛；工程整体信息的传输不及时阻碍了整个工程的信息统计汇总。建筑行业是大数据行业，工程的图纸、文件、资料等质量文档一般以纸质的形式保存，电子文件格式繁多，没有统一的数据接口，无法随时查询工程质量信息，影响了质量管理信息的使用效率。而 BIM 的质量信息传输更加快速，可以直接将质量信息关联到 BIM 模型。项目各参与方通过 BIM 信息平台在一定的权限范围内即可查看质量信息，为协同管理及集成管理提供支撑。友好的人机交互界面及动态的系统管理可以实现强大的人机对话功能，如基于 BIM 平台可以采用“图钉法”进行施工质量的管控。“图钉法”即一个构件与一个或多个检查图片或资料相关联，实时记录现场工程质量问题，将质量问题直接对应模型位置。“图钉法”质量控制如图 7-33 所示。BIM 的质量信息同源而出，各参与方根据需要在原有信息上进行加工，添加新的数据，使每条信息都可追本溯源，避免了沟通中的信息递减效应。BIM 辅助质量管理打破信息使用壁垒，各参与方以 BIM 技术为平台畅通地使用质量管理的相关信息，规范了信息使用流程，使信息传递流畅。在 Web 端可以对记录信息自动进行大数据分析，展现任意时段的质量管理状况，尤其针对未及时整改的问题，并作出全面分析。质量问题 Web 端大数据分析如图 7-34 所示。

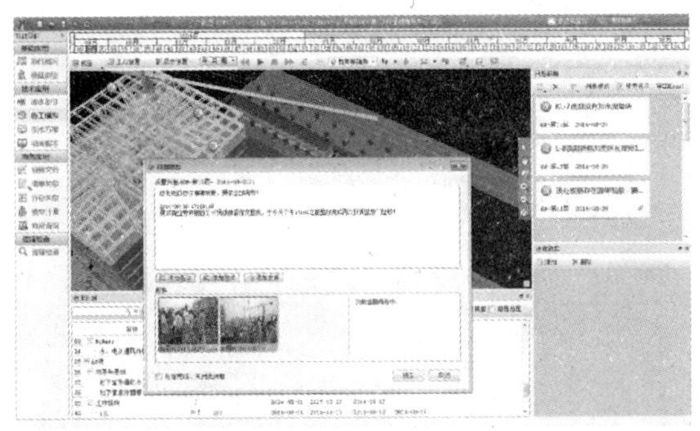

图 7-33 "图钉法"质量控制

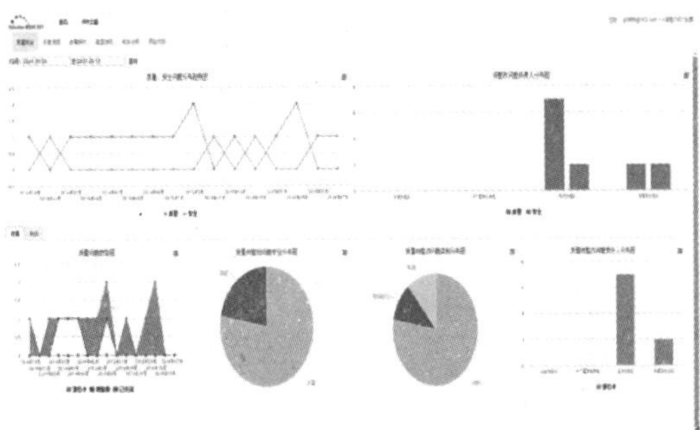

图 7-34 质量问题 Web 端大数据分析

BIM 管理系统综合 BIM 技术、人工智能、工程数据库、虚拟现实、网络技术、扫描技术等，并结合建筑项目实际需要和规范要求进行开发设计。BIM 管理系统具有以下特点：首先应用了 4D 施工管理模型实现项目优化控制和可视化管理，为确保工程质量提供了科学有效的管理手段，更注重事前控制。其次应用了可视化技术，能提供建筑构件的空间关系、进度情况及随进度形成的质量信息。再次应用了网络化和数字通信技术，方便项目各参与方的沟通协调，使原先错综复杂的关系更加有序，实现远程控制。

BIM 在施工质量控制的应用通常表现在技术交底、质量检查对比、碰撞检查及预留洞口等几个方面，下面分别进行介绍。

7.6.1.1 技术交底

根据质量通病及控制点的信息重视对关键、复杂节点，防水工程，预留预埋，隐蔽工程及其他重、难点项目的技术交底。传统的施工交底是在二维 CAD 图纸基础上进行空间想象来完成。但人的空间想象能力有限，不同的人想法也不完全一样。BIM 技术针对技术交底的处理办法是：利用 BIM 模型可视化、虚拟施工过程及动画漫游进行技术交底，使一线工人更直观地理解复杂节点，有效提升与工程质量相关人员的协同沟通效率，将隐患扼杀在萌芽中。图 7-35 是柱钢模板搭设交底，图 7-36 是墙钢模板搭设交底。

图 7-35 柱钢模板搭设交底

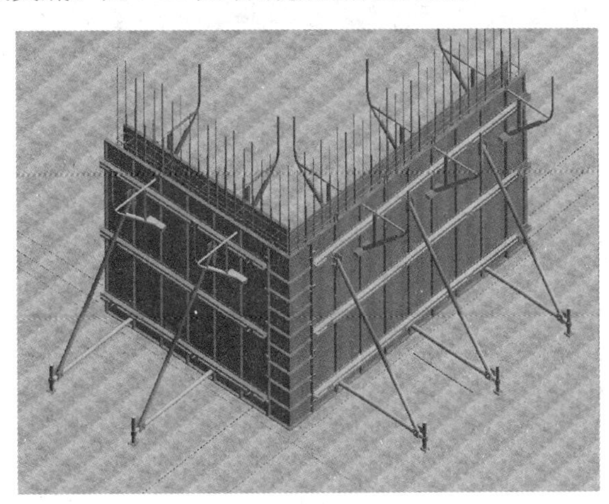

图 7-36 墙钢模板搭设交底

7.6.1.2 质量检查对比

质量检查对比首先要现场拍摄图片，通过目测或实量获得质量信息，将质量信息关联到 BIM 模型，把握现场实际工程质量；根据是否有质量偏差，落实责任人进行整改，再根据整改结果核对质量目标并存档管理。图 7-37、图 7-38 分别为重庆中渝项目地下管线 BIM 深化模型图、地下管线排布照片，通过它们可以进行现场实际情况与模型的比较。

图 7-37 地下管线 BIM 深化模型图

图 7-38 地下管线排布照片

7.6.1.3 碰撞检测及预留洞口

把土建 BIM 模型与机电 BIM 模型在相关软件中进行整合即可进行碰撞检查。在集成模型中可以快速有效地查找碰撞点，给出详细的碰撞检查报告和预留洞口报告。利用 BIM 技术可以在施工前尽可能多地发现问题并最终形成预留洞口图。管线留洞图如图7-39 所示，管线排布图如图 7-40 所示。

图 7-39 管线留洞图

图 7-40 管线排布图

7.6.2 安全

保障现场施工的安全是保障施工人员切身利益的需要，借助 BIM 技术在安全监控流程、施工现场布置、复杂建筑安全施工等方面的优势可以实现安全交底、危险源提前预防、完善安全管理流程的目的。下面分别介绍一下安全交底、危险源提前预防、完善安全管理流程方面的内容。

7.6.2.1 安全交底

以往安全交底只是安全负责人对现场工作人员耳提面命，工人的接受程度并不高。一些危险地段施工应注意的地方往往只是简单的口头描述，不能在现场工作人员的脑海中形成较深的印象。结合 BIM 技术可以将施工现场中容易发生危险的地方进行标识，告知现场人员在此处施工过程中应该注意的问题，将安全施工方式方法进行展示，从而达到更好的安全交底效果。临边洞口防坠落保护如图 7-41 所示。BIM 模型洞口高亮显示如图 7-42 所示。

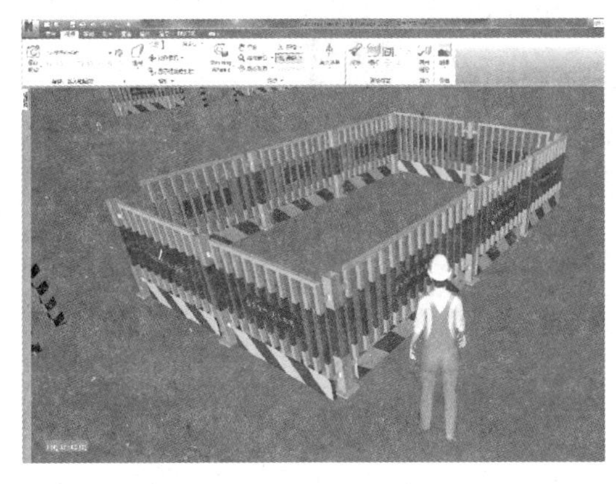

图 7-41　临边洞口防坠落保护

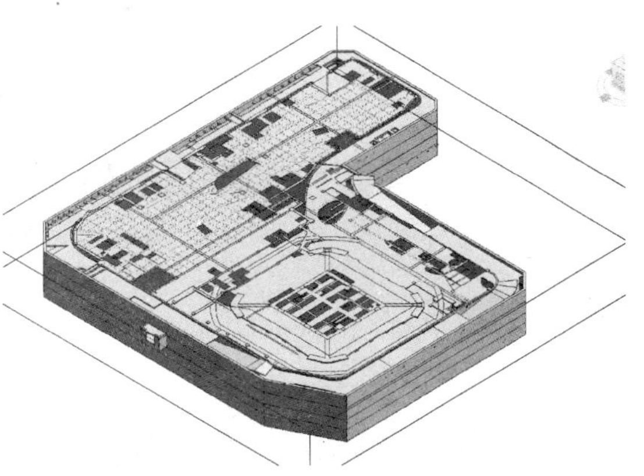

图 7-42　BIM 模型洞口高亮显示

7.6.2.2　危险源提前预防

建立群塔作业模型，针对塔吊密度较大、场地狭窄、群塔交叉作业范围大等特点，引进塔吊群智能工程安全监测仪，与模型数据关联实时监控塔吊运转情况，在摆幅及角度达到临界值时提出报警，防止塔吊碰撞，提高群塔作业安全。塔吊模型及作业半径定位如图 7-43 所示，传感器设置如图 7-44 所示。

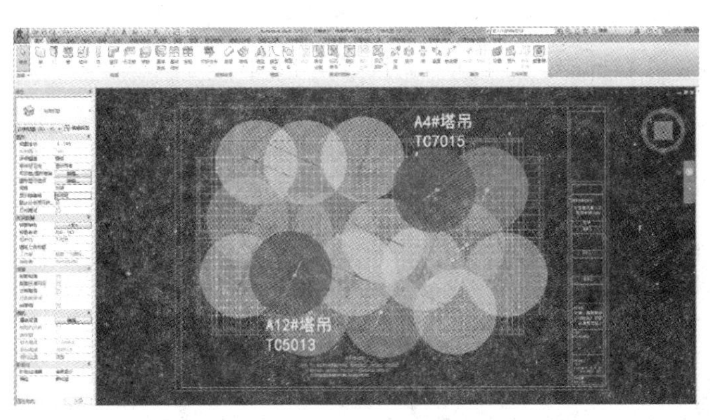

图 7-43　塔吊模型及作业半径定位

图 7-44　传感器设置

施工阶段利用逃生模拟软件模拟紧急情况下人员疏散过程，并根据模拟结果绘制逃生路线图，展示于相应的施工区域。人员疏散路径图如图 7-45 所示，各出口人员逃生方案分析如图 7-46 所示。

7.6.2.3　完善安全管理流程

基于 BIM 模型平台的安全流程如图 7-47 所示。可以将危险源在 BIM 模型上进行标记，安全员在现场指导施工时可在移动端查看模型中对应现场的位置以及现场施工时应注意的问题，对现场的施工人员操作不合理的地方进行调整，避免安全事故的发生。还可以

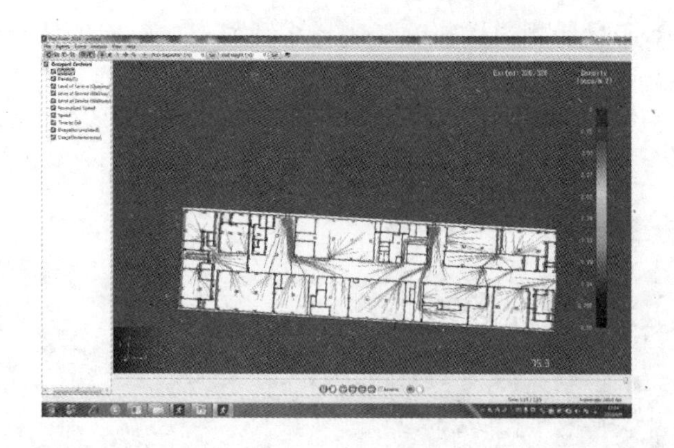

图 7-45　人员疏散路径图

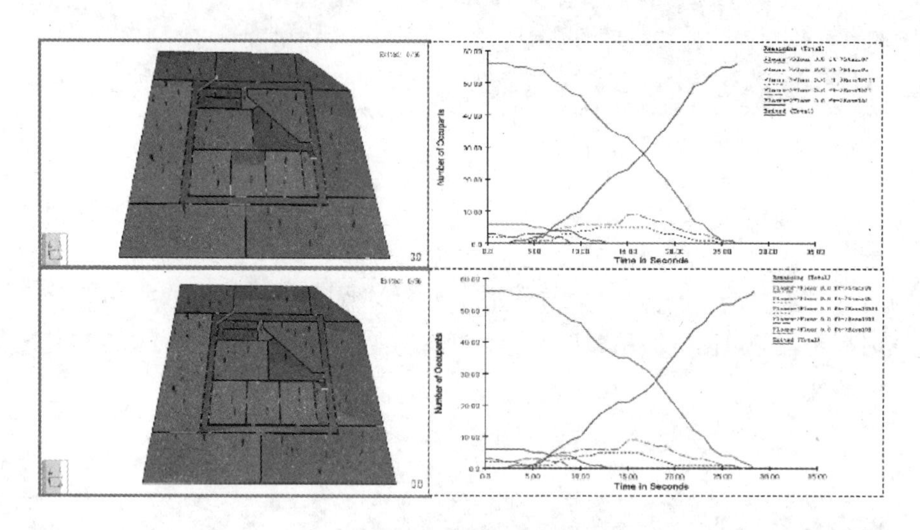

图 7-46　各出口人员逃生方案分析

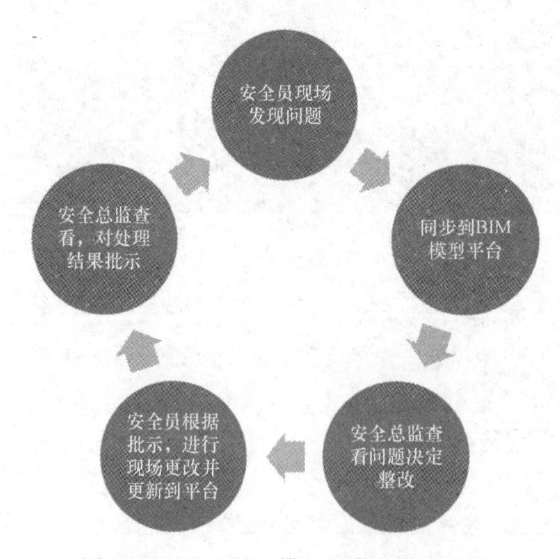

图 7-47　基于 BIM 模型平台的安全流程

把现场图片实时上传到平台服务器中并关联在模型上，使项目管理人员能够不亲临现场就能实时把握安全措施是否到位。现场监控如图 7-48 所示，BIM 模型对应现场位置如图7-49所示。

图 7-48 现场监控

图 7-49 BIM 模型对应现场位置

7.6.3 进度

项目内部进行进度计划编制审核时，传统的网络计划图表达抽象、计算复杂、理解困难，并且不能直观地展示项目的计划进度过程，这不仅提高了参与计划审核人员的准入门槛，同时需要其花费大量时间进行深入分析各任务的逻辑关系以及各任务所对应的具体工作，为此甚至还需要反复查看大量图纸，否则计划编制人需要在审核会议上再花时间进行详细的介绍，这些都降低了工作效率。

将 BIM 技术引入施工进度计划编制中可以使得工程管理工作变得简单和快捷。首先，在 BIM 模型中随着项目进展将施工信息不断录入，有了这些数据作参考，再根据以往的施工经验数据便可以得出更加合理的工时需求；其次，基于 BIM 模型的可视化功能使得计划编制人员不需要去查看复杂的图纸，而可以直观地查看每一块区域内的复杂结构，进而对工时进行修正。最后，动态的 4D 施工模拟过程使得项目各方都可以快速准确地理解计划，然后根据自己的经验提出建议，使计划编制更加完善。

借助 4D 模型编制施工进度计划的步骤如下：

（1）利用 BIM 软件形成施工项目的 3D 建筑模型。项目模型如图 7-50 所示。

（2）利用进度计划编制软件编制总体项目计划，再对项目各阶段目标进行分解，预估并输入相关工序工期，创建时间列表并按照逻辑将其组织起来，给各个任务配置资源，决定这些任务之间的逻辑关系并指定日期，最后检查项目甘特图是否符合要求以形成传统的施工进度计划。项目进度横道图如图 7-51 所示。

图 7-50 项目模型

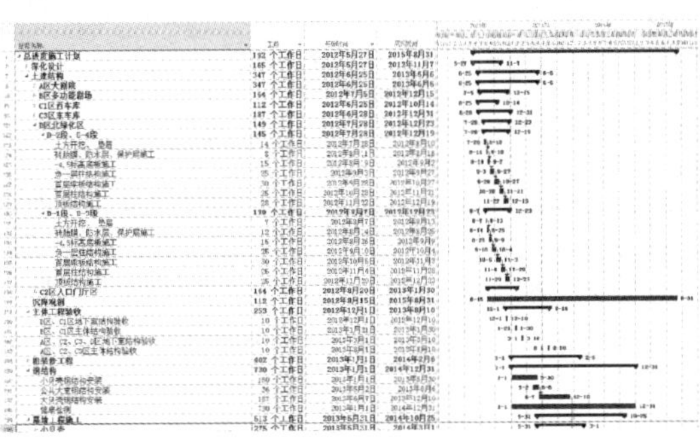

图 7-51 项目进度横道图

（3）将3D模型的构件与进度表联系，形成4D模型以直观展示施工进程。相关任务通过设置关联到BIM软件上，调整施工进度图后进度安排也会自动变化，并在4D施工模拟时体现。该模型在项目建设的前期可以形成可视化的进度信息、可视化的施工组织方案以及可视化的施工过程模拟。3D模型的构件与进度表联系图如图7-52所示。施工进度模拟如图7-53所示。

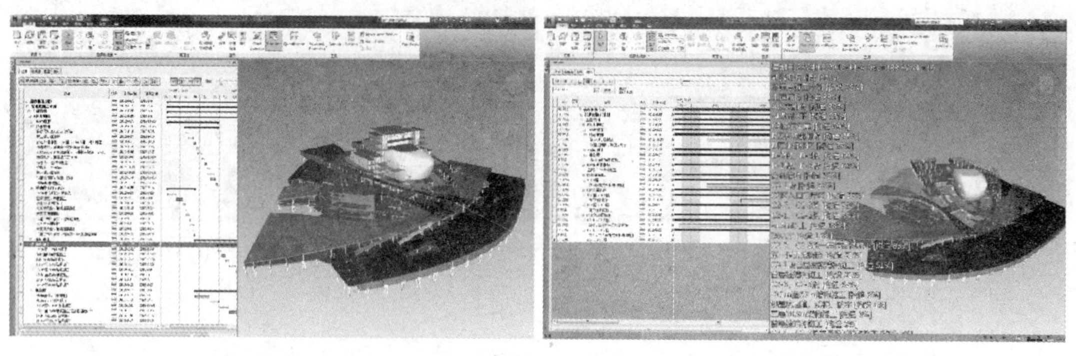

图7-52　3D模型的构件与进度表联系图　　　　图7-53　施工进度模拟

对比施工行业编制施工进度计划的横道图、网络图，基于BIM技术的施工进度计划管理的优点显而易见。传统的施工进度计划的编制和应用多适用于技术人员和管理层人员，不能被参与工程的各级各类人员广泛理解和接受，而4D模型将施工过程通过BIM的虚拟建造过程来展示，使建筑工程的信息交流更直观全面。

7.7　逆向施工

对已施工完成的项目或既有建筑进行3D激光扫描，生成的点云模型与原始BIM模型校核的过程叫作逆向施工。目前阶段逆向施工的主要作用是检验施工现场与设计的偏差，生产完成后的钢结构构件的拼装模拟以及异形隧道、基坑的周期变形情况。BIM技术和3D激光扫描技术集成被越来越多地应用在工程施工领域，下面分别介绍其在验证检查、钢结构预拼装、变形监测方面的应用。

7.7.1　验证检查

施工过程中BIM模型需要和竣工图纸保存一致。在现场进行3D激光扫描并将扫描结果和模型进行对比，可帮助检查现场施工情况与模型及图纸的符合情况，从而帮助找出现场的施工问题。扫描得到的点云模型可以和设计的BIM模型对比进行逆向检测，对施工有误的地方进行整改，从而形成良性循环，不断优化现场施工情况。水泵房三维扫描点云模型如图7-54所示。BIM模型同点云模型对比如图7-55所示。

为验证主体工程的质量是否满足设计要求，引入三维激光扫描技术，通过相位点云构建现场实体模型，可以与BIM三维信息模型进行逆向比对匹配并提出整改建议。基于BIM模型与实测点云模型用相位最佳拟合法进行数据匹配进而逆向分析来检验已完成的施工质量，可以最大限度减少返工、改进质量。基于云技术的移动终端在逆向施工匹配验证中可以保证质量、实现质量控制，使BIM模型与现实一致从而进行质量跟踪。逆向数据匹配分析如图 7-56 所示。

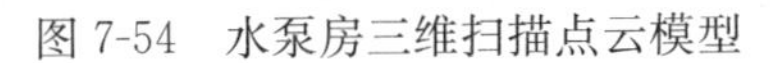

图 7-54　水泵房三维扫描点云模型

图 7-55　BIM 模型同点云模型对比

图 7-56　逆向数据匹配分析

7.7.2　钢结构预拼装

在传统方式下钢结构构件生产成型以后需要在一个较大的空间内进行构件预拼装，准确无误后运输到施工现场进行钢构件吊装。如果预拼装出现问题则需要对问题构件进行加工处理，再次预拼装无误后才能使用。而有了 3D 激光扫描技术后，通过对各钢构件进行 3D 扫描，将生成的数据在电脑中预拼装，对有问题的构件直接调整。在此方式下，无论是实际空间的节省还是预拼装的精确度和效率都较传统方式有着明显的提高。钢结构点云局部模型如图 7-57 所示，点云与 BIM 模型匹配如图 7-58 所示。

7.7.3　变形监测

传统的变形监测主要有近景摄影测量或者"GPS+全站仪"两种方法，这两种方法都需要在建筑物上设置监测点。由于监测点的数量有限因此得到的信息也有限，不足以完全体现整个变形体的实际情况。而采用激光扫描技术可以方便地获取高密度、高精度的观测数据，且这些数据可以完整地覆盖整个被监测对象。远程激光扫描仪可以用于基坑变形监测及施工中平整度的监控。

针对异形基坑的三维扫描生成可在多种软件中使用的崖壁多边形数值网格模型，为深

图 7-57　钢结构点云局部模型

图 7-58　点云与 BIM 模型匹配

化设计和施工组织提供依据。崖壁点云模型图如图 7-59 所示。

基于三维激光扫描仪采集墙体的点云数据，BIM 模型结合实测实量的点云数据，从正向偏差、反向偏差两个角度对墙体的平整度进行校验。规范要求全局的垂直度允许值为 30mm，局部允许值为 10mm。垂直度分析模型见图 7-60。

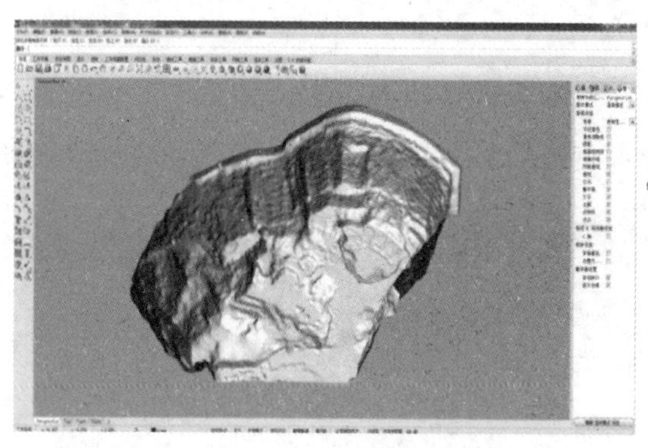

图 7-59　崖壁点云模型图

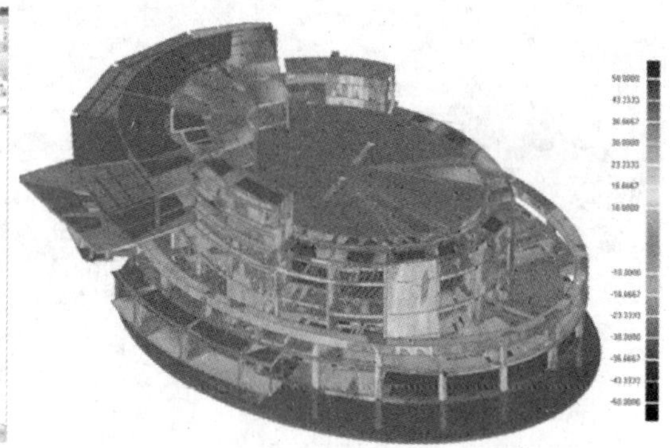

图 7-60　垂直度分析模型

7.8　现场平面布置管理

施工场地布置是项目施工的前提，合理的布置方案能够在项目开始之初从源头减少安全隐患，可以方便后续施工管理，降低成本，提高项目效益。为了保证场内交通顺畅和工程安全，文明施工，减少现场材料与机具二次搬运以及避免环境污染，应对现场平面进行科学、合理的布置。

7.8.1　场地分析与划分

在施工准备阶段场地布置不仅仅是施工用地的合理利用，还包含前期的场地分析和划分。BIM 结合地理信息系统对现场及拟建的建筑物空间数据进行建模分析，结合场地使用条件和特点利用计算机可分析出不同坡度的分布及场地坡向，建设地域发生自然灾害的可能性，区分可适宜建设与不适宜建设区域，对前期场地设计可起到至关重要的作用。地形分析如图 7-61 所示。

对于大体量项目的场地布置可以按标段空间划分场地布置或根据施工阶段不同时间划分场地布置，常见的如桩基阶段、地下结构阶段、地上主体阶段及装饰装修施工阶段。作业面规划如图 7-62 所示。

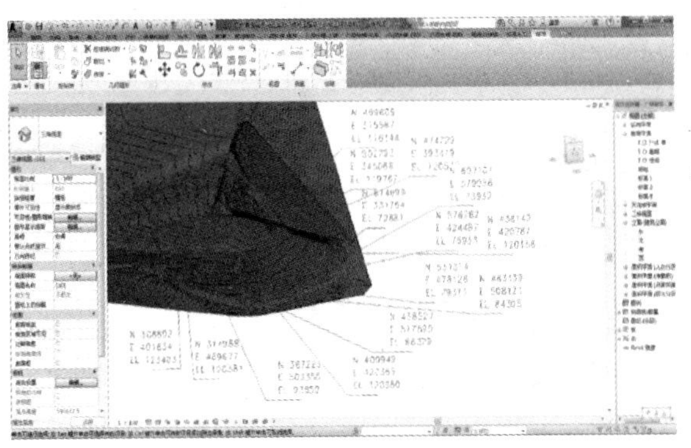

图 7-61　地形分析

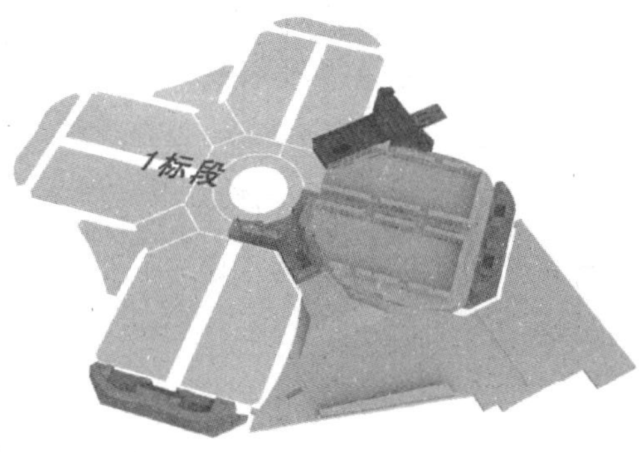

图 7-62　作业面规划

利用场地模型的分阶段显示可以通过三维方式直观查看场地挖填方情况，对比原始地形图与规划地形图得出各区块原始平均高程、设计高程、平均开挖高程，然后可以计算出各区块挖、填方量。土方开挖模拟如图 7-63 所示。各区段填、挖方量明细表如表 7-1 所示。

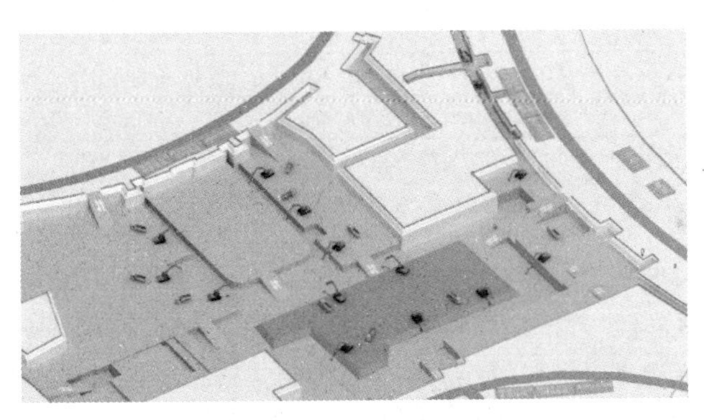

图 7-63　土方开挖模拟

各区段填、挖方量明细表　　　　**表 7-1**

<地形明细表>						
A	B	C	D	E	F	G
名称	创建的阶段	填方	挖方	净填方挖方	投影面积	表面积
原地形	现有	0.00m^2	0.00m^2	0.00m^2	1587097m^2	1713033m^2
新地形	阶段 1	156514.04m^2	15495.74m^2	141018.30m^2	667373m^2	765259m^2
开挖地块 2 区	阶段 1	145.72m^2	23689.99m^2	−23544.27m^2	39981m^2	40544m^2
开挖地块 3 区	阶段 1	2442.60m^2	7078.90m^2	−4636.30m^2	40000m^2	41091m^2
开挖地块 4 区	阶段 1	2101.31m^2	69709.60m^2	−67608.29m^2	40000m^2	40126m^2
开挖地块 5 区	阶段 1	0.00m^2	210745.73m^2	−210745.73m^2	40000m^2	40193m^2
开挖地块 6 区	阶段 1	1.64m^2	220227.46m^2	−220225.82m^2	40000m^2	40308m^2

续表

＜地形明细表＞						
A	B	C	D	E	F	G
名称	创建的阶段	填方	挖方	净填方挖方	投影面积	表面积
开挖地块 7 区	阶段 1	144.60m³	142532.64m³	−142388.04m³	40000m²	40908m²
开挖地块 8 区	阶段 1	11990.20m³	1525.82m³	10464.38m³	39742m²	40825m²
开挖地块 10 区	阶段 1	1.01m³	126337.47m³	−126336.45m³	40000m²	40331m²
开挖地块 14 区	阶段 1	289293.80m³	16.41m³	289277.39m³	40000m²	40530m²
开挖地块 15 区	阶段 1	104898.25m³	26306.50m³	78591.75m³	40000m²	40903m²
开挖地块 19 区	阶段 1	41380.91m³	618.51m³	40762.40m³	40000m²	44487m²
开挖地块 20 区	阶段 1	79525.27m³	224.96m³	79300.32m³	40000m²	43149m²
开挖地块 23 区	阶段 1	4879.96m³	3804.07m³	1075.89m³	40000m²	45050m²
开挖地块 18 区	阶段 1	16244.98m³	29959.65m³	−13714.68m³	40000m²	43272m²
开挖地块 13 区	阶段 1	15554.31m³	1713.67m³	13840.64m³	40000m²	40173m²
开挖地块 12 区	阶段 1	355.93m³	143815.47m³	−143459.54m³	40000m²	40000m²
开挖地块 11 区	阶段 1	254860.94m³	0.00m³	254860.94m³	40000m²	40281m²
开挖地块 16 区	阶段 1	228243.58m³	237.07m³	228006.50m³	40000m²	40850m²
开挖地块 17 区	阶段 1	4339.13m³	24357.91m³	−20018.78m³	40000m²	40000m²
开挖地块 21 区	阶段 1	1457.39m³	36284.92m³	−34827.54m³	40000m²	41538m²
开挖地块 22 区	阶段 1	2971.81m³	107298.84m³	−104327.04m³	40000m²	40483m²
开挖地块 1 区	阶段 1	11571.08m³	37210.88m³	−25639.80m³	40000m²	40271m²
开挖地块 9 区	阶段 1	9220.03m³	2747.21m³	6472.82m³	40000m²	40643m³

7.8.2 车流分析

对施工期间场地周边交通流量需要进行分析、模拟，规划出进场道路、施工现场大门设置、施工车辆进场路线等，得到最理想的现场规划、交通流线组织关系。需要分析每个施工阶段车辆在栈桥或进出现场的行进路线，材料运输车辆进出场和卸货位置以及不同车辆会车过程。对于最关键的交通路线，需要严格控制车辆占用时间，尤其是混凝土泵车的等候时间。通过 BIM 技术提前进行模拟规划可以保证场地内交通流畅。车流分析如图7-64所示。

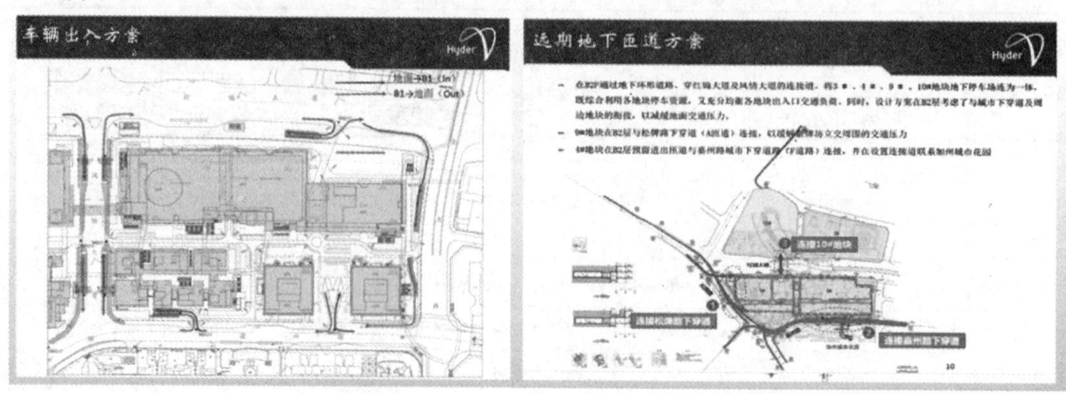

图 7-64　车流分析

7.8.3 标准化构件库建立

将现场布置所需模型构件根据相关标准建立标准化构件族库，可以方便重复使用调取。场地布置族库包含临建板房、施工场地大门、公司标志、机械设备、CI（Corporate Identity，企业形象）标准设施、办公设施、生活设施、安全设施、卫生设施、临水临电及施工样板等等。CI标准化族库图如图7-65所示。施工机械标准化族如图7-66所示，包括混凝土罐车、塔吊、装载机、标架、防水台车等等。利用标准化构件库可以快速进行场区临建标准化布置，达到空间的最大化合理利用。将施工现场CI布置、安全文明设施、小型构件机具等全部利用BIM模型创建出来，赋予尺寸、材质等信息，形成标准化电子图册，既能指导现场实施，又能展示企业文化形象，可以带来很好的社会效益。

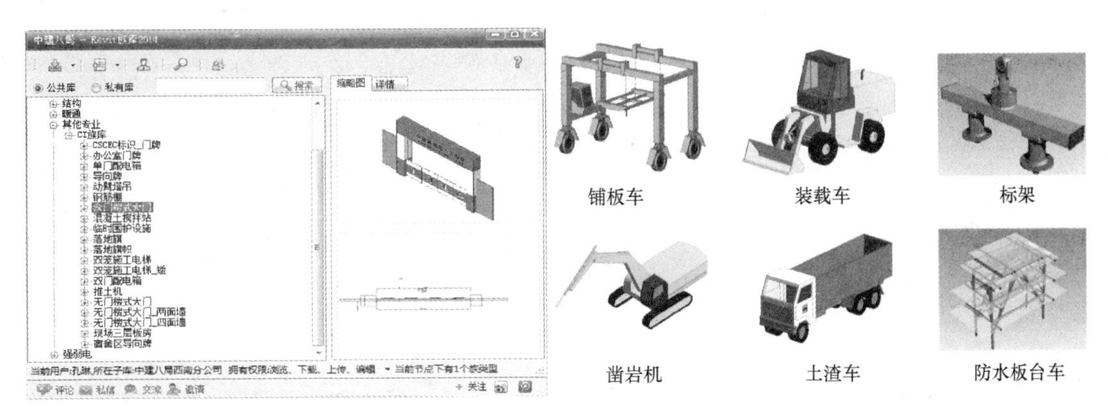

图7-65　CI标准化族库

图7-66　基础建设中的标准化族

7.8.4 机械设备运行模拟

1. 塔吊布设

通过物料垂直、水平运输范围、竖穿结构工况及屋面钢构件运输效能的分析可以合理准确定位现场塔吊的布设位置。利用BIM进行塔吊布置方案的运行模拟演示，分析塔吊的周转半径、运力等，调整塔吊位置、数量及塔吊选型，可以降低塔吊租赁成本。塔吊布置方案如图7-67所示。将现场施工机械设备的养护信息录入到模型中可以更好地进行冬天机械设备的运维管理。通过开发的Revit插件可以实现与“塔吊安全监控预警系统”数据的实时连接，及时获取塔吊运行参数，及时发现安全隐患。机械设备运维管理如图7-68所示。

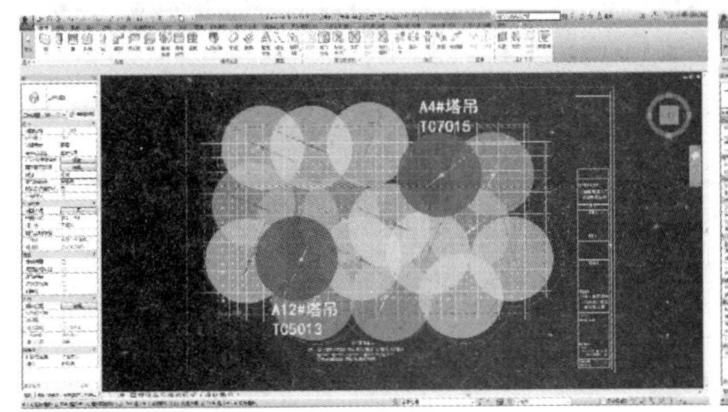

图7-67　塔吊布置方案

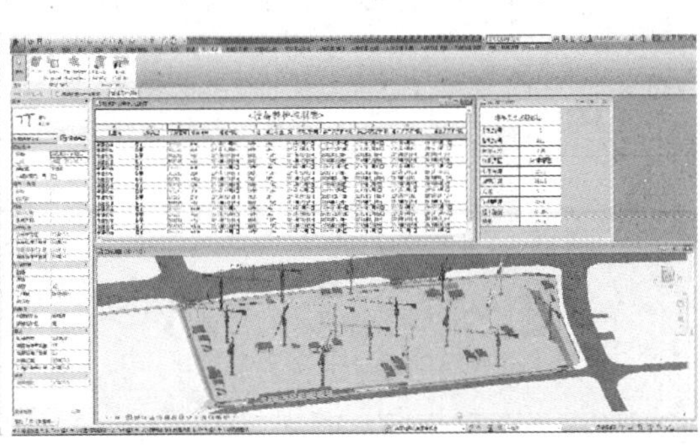

图7-68　机械设备运维管理

2. 其他施工机具布置

施工机械不仅仅包含塔吊，还包括推土机类、装载机类、自卸汽车、挖掘机类、凿岩掘进机类、拌和设备等等。基于 BIM 技术的施工机具布置可以真实地模拟挖掘机出土步骤、渣土车运输过程以及桩基施工顺序等。机械设备布置方案如图 7-69 所示，施工机具实施模拟如图 7-70 所示。

图 7-69　机械设备布置方案

图 7-70　施工机具实施模拟

7.8.5　临建设施可视化应用

利用 BIM 技术可以进行临建设施综合布置与合理规划。临建设施包括办公及生活区临建、临水、临电、库房、材料临时加工场地、运输道路、绿化区、停车位等。利用已建立的临建模型可以快速准确地统计每个区域、每种构件的材料用量，以及点对点的材料运输情况，使得材料一次性堆放到位，减少二次搬运，进而有效提高施工效率和场地利用率。办公区生活区布置图如图 7-71 所示，材料堆场布置 BIM 模型如图 7-72 所示。

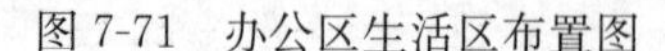

图 7-71　办公区生活区布置图

图 7-72　材料堆场布置 BIM 模型

过去需要有相关专业知识的机电安装人员才能看懂抽象的临水、临电系统图纸，如今基于 BIM 的可视化应用将复杂的临电、临水图纸转化成 BIM 三维模型，可以方便投标时专家评审以及现场施工时项目经理和安全总监的理解和调整。CAD 分级配电示意图如图 7-73 所示。分级配电示意图 BIM 模型如图 7-74 所示。

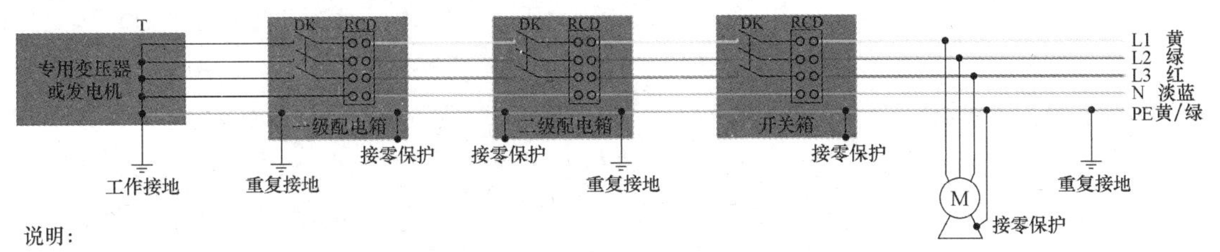

说明：

1.临时用电采用工作零线与保护零线分开设置的接零保护系统(TN-S)。

2.一、二级配电箱及开关箱漏电断路器同时具有短路、过载、漏电保护功能。

3.工作接地电阻不大于4Ω，重复接地电阻不大于10Ω且不少于三处。

4.各级固定时配电箱中心至人员操作地面距离约1.4～1.6m。

5.固定式配电箱、开关箱的下底与地面垂直距离应大于或等于1.3m，小于或等于1.5m；移动式分配电箱、开关箱的下底与地面的垂直距离应大于或等于0.6m，小于或等于1.5m。

图 7-73　CAD 分级配电示意图

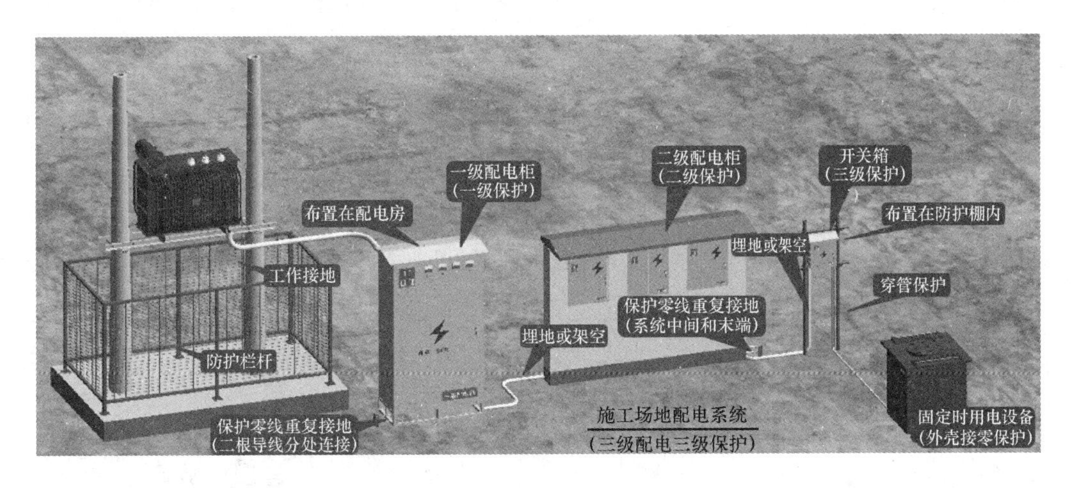

图 7-74　分级配电示意图 BIM 模型

7.8.6　施工用地动态管理

施工场地布置是项目施工组织设计的重要内容，也是项目施工的前提和基础。合理科学的场地布置方案能够降低项目成本，确保工期，减少安全隐患，最终支撑项目目标的实现。场地布置方案的设计是项目管理的重要一环，但目前很多项目施工组织设计中的场地布置方案未得到足够重视，并没有对现场的布置起到应有的指导作用。究其原因主要有两点，一是以往的场地布置方案基本都是静态的，但是施工现场的情况是动态变化的，对各类资源的需求也在不断变化，静态的场地布置方案不能满足动态施工的要求；二是项目通常只设计一种场地布置方案，方案单一，缺乏比选，难以判断其优劣。针对静态施工场地布置不符合动态施工需求的问题，可以用多阶段静态布置实现相对动态布置的目的，例如对施工项目地基基础、主体结构和装饰装修三个不同阶段各自不同的施工特征及资源需求特征，分别设计其场地布置方案。另外也可以建立建筑施工场地三维模型，通过动态施工模拟以及冲突检测对空间安全冲突指标进行量化，提供一种便于动态场地布置方案评选的方法，使施工场地布置方案更好地服务于建设项目。各施工阶段场地布置特征及施工特征如表 7-2 所示。

各施工阶段场地布置特征及施工特征 **表 7-2**

施工阶段	场地布置特征	施工特征	资源需求
土方开挖阶段、地基基础阶段	可利用场地面积较小，施工车辆进出频繁	地基承载力弱	土地
主体施工阶段	场地相对充裕，材料堆场用地较多	工作重复性大，场地内人员较多，需求材料种类繁多	钢筋、模板、混凝土
装饰装修阶段	作业面积大，外围材料堆场面积减小	各分包专业交叉施工，材料堆放减少	材料种类多，可堆放于室内

施工现场平面随施工进度推进呈动态变化，然而传统的平面布置软件不能够紧密结合施工现场动态变化的需要，尤其是对施工过程中可能产生的各种冲突问题考虑欠缺。基于BIM模型及理念，运用BIM工具对施工场地进行布置，可以全方位、多角度检查施工现场平面图的各专业场地、道路、设备、临时用房等与建筑工程各施工阶段的关系，通过漫游等功能及时发现现场平面布置图中出现的碰撞、考虑不周到的地方，确保现场平面布置满足工程施工需求，且不影响工程施工进度、质量、安全。土方开挖阶段图、主体施工阶段、钢屋面架设阶段及内装阶段分别如图 7-75～图 7-78 所示。

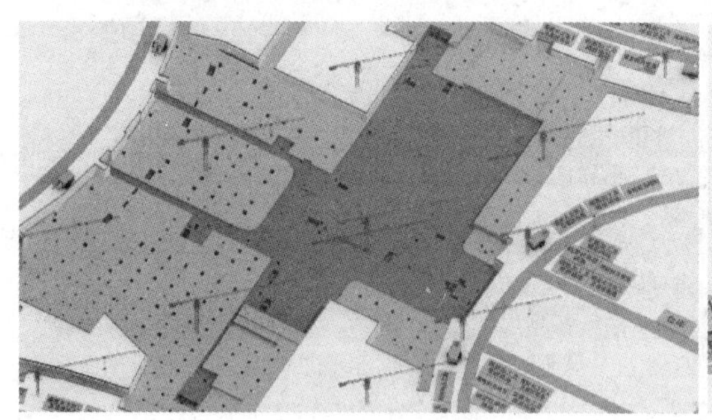

图 7-75 土方开挖阶段

图 7-76 主体施工阶段

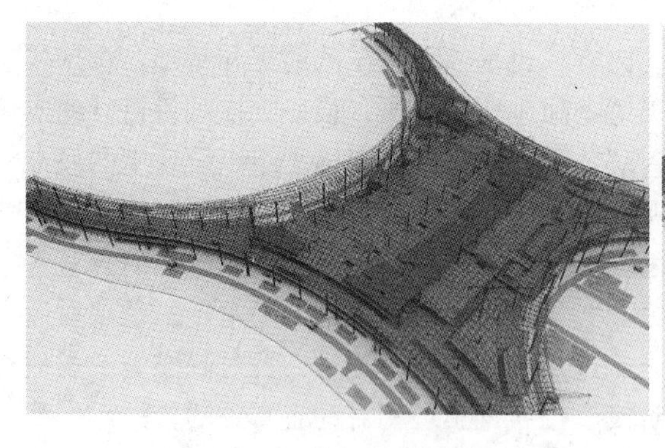

图 7-77 钢屋面架设阶段图

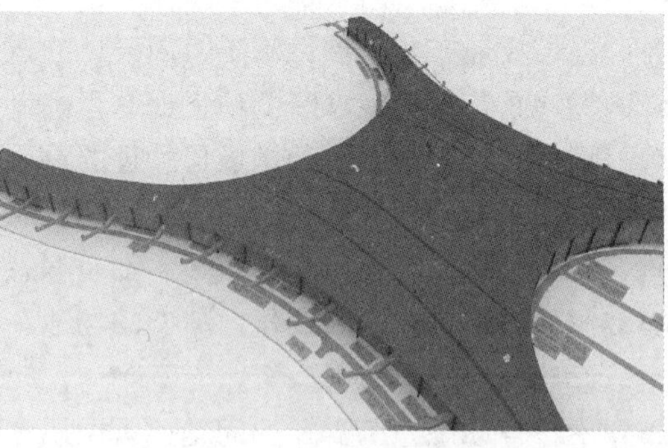

图 7-78 内装阶段

作为BIM技术的应用点之一，BIM工具在施工现场平面布置中的运用在工程投标、施工阶段得到了广泛的应用。

随着建筑业的发展，对项目的组织协调要求越来越高。这体现在施工现场作业面大，各个分区施工存在高低差，现场复杂多变容易造成现场平面布置不断变化。项目周边环境的复杂往往会带来场地狭小、基坑深度大、周边建筑物距离近、绿色施工和安全文明施工要求高等问题。BIM 技术为平面布置工作提供一个很好的平台，在创建好工程场地模型与建筑模型后，可以通过创建相应的设备、资源模型进行现场布置模拟。同时还可以将工程周边及现场的实际环境信息挂接到模型中，建立三维的现场场地平面布置，并通过参照工程进度计划形象直观地模拟各个阶段的现场情况，灵活地进行现场平面布置，实现现场平面布置合理、高效。

7.8.7 空间安全冲突

空间安全冲突主要是指施工过程中具有能动性或者活动中的机械设备与人员的工作空间发生冲突因而产生危险。在初期策划场地布置阶段可以利用模型对现场监控布置点进行确定，通过模拟现场监控布置位置查看监控布置视角范围及效果，从而取得良好的预监控效果。施工现场监控点布置如图 7-79 所示，施工现场监控及 BIM 模型对比如图 7-80 所示。

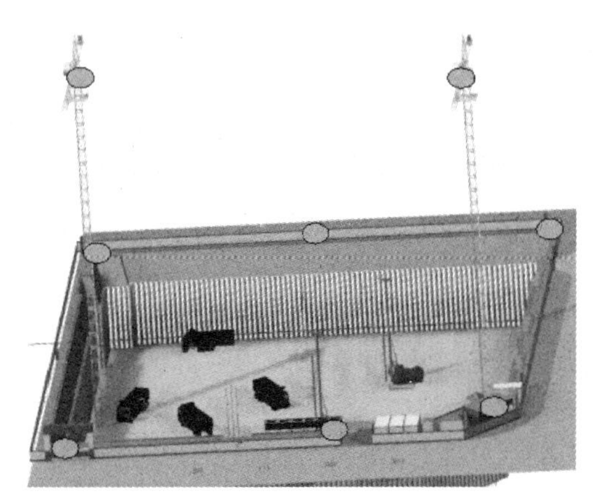

图 7-79 施工现场监控点布置

图 7-80 施工现场监控及 BIM 模型对比

建筑施工是一个高度动态的过程，建筑工程规模不断扩大与复杂程度的不断提高使得施工项目管理变得极为复杂。施工用地、材料加工区、堆场也随着工程进度的变换而调整，BIM 的 4D 施工模拟技术可以在项目建造过程中合理制定施工计划，精确掌握施工进度，优化使用施工资源以及科学地进行场地布置。

思考题：

1. BIM 在施工管理生产阶段主要包含哪些应用？这些应用的实现借助了 BIM 技术的哪些特性？
2. 如何应用 BIM 技术实现移动终端在施工管理中的应用？
3. 基于 BIM 技术的施工协调管理的优势有哪些？
4. BIM 在采购管理中有哪些应用？
5. 三维扫描技术结合 BIM 技术存在的问题及未来发展方向有哪些？

参 考 文 献

[1] BIM总论 [M]. 北京：中国建筑工业出版社，2011.

[2] Autodesk 360帮助文件.

[3] 何建军，钱满足，陈新喜，等. BIM技术在中国博览会会展综合体项目工作面划分中的应用 [J]. 施工技术，2015，44 (6)：46-48.

[4] 佚名. BIM+引领BIM发展新方向 [J]. 中国勘察设计，2015 (10)：27-45.

[5] 孔琳，姚守俨. 基于云技术的移动终端在施工现场中的应用 [G]. //2012-2014年度中建八局科技成果汇编.

第8章　BIM在施工管理中的应用——竣工阶段

本章学习要点：

掌握基于BIM的竣工验收资料与传统的竣工验收资料的不同之处，了解建立资料数据库包括的内容，掌握最终提交的竣工模型应满足的要求，了解创建BIM模型数据接口并建立模型与资料的链接方法，掌握基于BIM的竣工资料成果交付形式。

本章介绍BIM在工程项目施工管理的竣工阶段中资料管理方面的应用，主要包括基于BIM的竣工资料管理的优势、BIM在竣工资料管理方面的应用两部分内容。

8.1　基于BIM的竣工资料管理的优势

传统的竣工资料处于分散与本地化管理状态，以二维形式存储，传统档案资料目录不够清晰，并且查阅某一份资料时需要按卷册去分级查阅，不便于检索，资料的分类、保存、更新等工作难度非常大，手工资料归档的工作量也很大。传统的竣工资料管理有以下缺点：(1) 材料消耗大，自动化程度低；(2) 各参与方资料格式不统一，数据信息交互性差；(3) 资料分类依接收方而定，信息检索不便；(4) 资料信息化程度低。

基于BIM的竣工验收资料与传统的竣工验收资料不同，基于BIM的竣工资料注重的是工程信息资料的实时性。模型文件与文档数据通过模型软件建立外部链接，实现模型中各构件资料实时调用和查看。项目的各参与方都需要根据施工现场的实际情况将工程信息实时录入BIM模型中，并且信息录入人员必须对自己录入的数据信息进行核查且负责到底，录入的信息包含施工过程中的分部、分项工程的质量验收资料，设计变更文件等，这些资料文件都要以数据的形式存储且关联到BIM模型中，并且竣工模型要与传统的纸质版竣工图纸对应。将资料信息与模型整合关联，最终得到能够实时查阅且过滤筛选不包含冗余信息的BIM竣工模型。

8.2　BIM在竣工资料管理方面的应用

8.2.1　资料信息管理

1. 竣工模型精度及相应关联资料类别

结构、建筑、机电各专业竣工模型精度及需关联的资料信息分别详见表8-1～表8-3。

2. 资料信息的整合与补充录入

BIM竣工模型中应包含所有专业模型及与之关联的在施工过程中产生的所有资料信息，包括工程准备阶段文件、监理文件、施工文件、竣工图、竣工验收文件及图片、视频等影像资料。竣工模型应当包含整合复核过的设计模型、施工模型及施工过程中的资料信

结构专业竣工模型内容表 **表 8-1**

序号	模型构件名称	模型精度	资料信息
1	整体结构	位置信息、层数、高度	结构基本信息、荷载信息
2	主要结构构件	几何尺寸、定位信息	材质信息、保护层厚度、节点做法
3	次要结构构件	几何尺寸、定位信息	材质信息、保护层厚度、节点做法
4	基础	几何尺寸、定位信息	材质信息、保护层厚度
5	钢结构构件	几何尺寸、定位信息、连接样式做法、预埋件、焊接件	材料出厂合格证、性能检验报告、焊接信息、安装信息
6	空间结构	截面尺寸、定位信息	材料出厂合格证、性能检验报告、焊接信息、安装信息
7	隐蔽工程	几何尺寸、定位信息	材料材质信息、物理性能、设计参数、做法要求

建筑专业竣工模型内容表 **表 8-2**

序号	模型构件名称	模型精度	资料信息
1	场地	边界、道路	地理位置基本信息
2	整体建筑	外观、面积、位置、层数、高度	主要技术指标、类别等级、功能、材料要求
3	主要建筑构件	几何尺寸、定位信息	材料材质信息、规格尺寸、工艺做法
4	次要建筑构件	几何尺寸、定位信息	材料材质信息、规格尺寸、工艺做法
5	主要建筑设施	几何尺寸、定位信息	材料材质信息、规格尺寸、工艺做法
6	建筑细部构件	几何尺寸、定位信息	材料材质信息、规格尺寸、工艺做法
7	隐蔽工程	几何尺寸、定位信息	材料材质信息、物理性能、设计参数、做法要求

机电专业竣工模型内容表 **表 8-3**

序号	模型构件名称	模型精度	资料信息
1	机房	几何尺寸、定位信息	机房防水防火隔声要求
2	风井、水井、电井	几何尺寸、定位信息	主要系统信息参数
3	主要设备	几何尺寸、定位信息	主要设备功率、性能参数、安装方法、运维所需数据
4	主干管道	几何尺寸、定位信息	材质、安装方法
5	分支管道	几何尺寸、定位信息	材质、安装方法
6	所有设备	几何尺寸、定位信息	水泵空调机组等的性能参数、安装方法、运维所需数据
7	末端设备	管线连接、定位信息	采购信息
8	管道附件	几何尺寸、定位信息	采购信息、运维所需数据

息，并包含业主提供的竣工验收的其他信息，补充录入的质量验收信息及满足运行维护基本要求的信息。

3. 资料信息的过滤、审核、验收

工程总承包的各个专业分包单位负责本专业竣工模型资料信息的录入，交付整合前必须进行内部审查，并按接收单位要求进行过滤筛选，去除重复冗余的信息。审核通过后提交给整合单位进行整合。模型资料信息执行专人录入审核并负责到底的原则，确保接收单位获取的资料信息的完整性、准确性。

最终提交的竣工模型应满足以下要求：

（1）模型资料信息符合《竣工验收管理 P-BIM 软件交换技术与信息标准》（中国工程建设标准化协会建筑信息模型专业委员会组织制定的协会标准）中“竣工验收信息内容”的要求。

（2）模型资料信息是最新版本且经过审核确认。

（3）模型资料信息内容格式应符合项目的数据交换协议。

4. 资料数据库的建立

建立资料数据库包括如下内容：

（1）建立本地服务器。在本地建立 FTP 服务器并赋予每个工程资料文件一个唯一的 URL 链接地址，分配给每个相关人员相应的上传、下载、修改权限。

（2）创建 HTML 格式资料数据库。通过 TIIM（Text Information Integration Methodology，文本信息集成方法）在 BIM 环境下集成管理，并在 TIIM 的基础上结合中文特

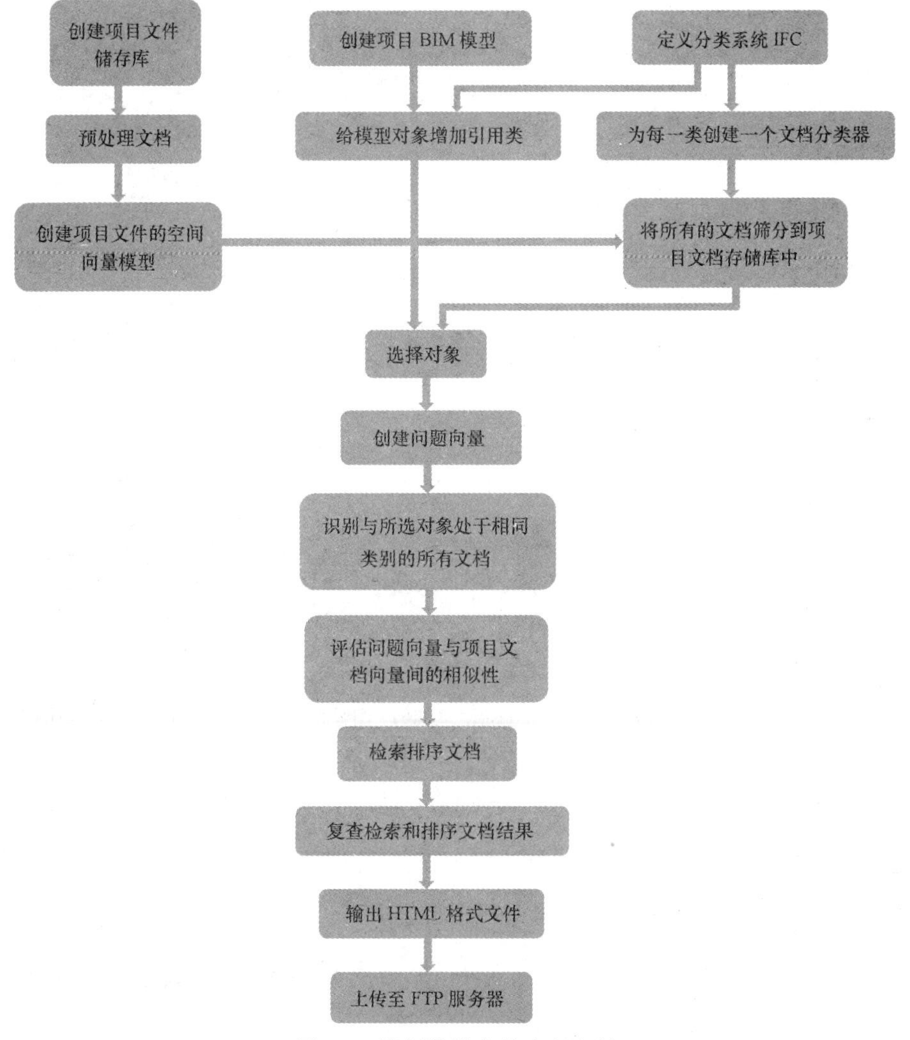

图 8-1　资料数据库的建立流程

点进行改进。将基于文本的信息从各自原始格式转换成纯文本文件，去除不相关的标签、标点、高频停用词、无意义的虚词，调整同义词等。通过构建频率矩阵赋予权重将项目文档处理转化为以多维度空间向量表示。项目文档的空间向量模型采用中文文本切分方法对文档提取特征项进行文档向量化，将向量化后的矩阵作为文档的属性值储存到相应数据库中。同时，BIM模型中每个项目构件直接按照IFC标准进行类划分。将用户自定义的问题转换成问题向量，自动识别与所选对象相同类别的文档并计算问题向量和项目文档向量间的相似度，便于后续检索。最后将资料信息导出为HTML格式文件上传至FTP服务器上。资料数据库的建立流程见图8-1。

(3) 创建资料数据库架构体系。利用FTP传输协议根据不同的需求通过HTML+CSS数据库体系架构来编写不同索引Web页面并添加相应资料的URL链接地址，或导入专业的检索系统中，便于后续查阅、调用、更新。资料数据库架构见图8-2。

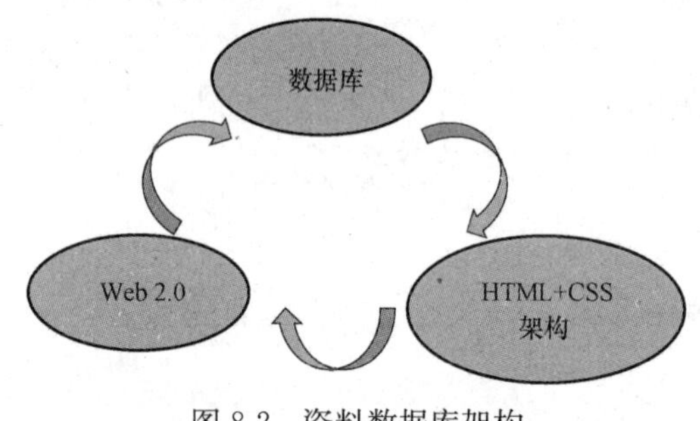

图8-2 资料数据库架构

(4) 创建BIM模型数据接口并建立模型与资料的链接。链接方法有三种：

1) 模型一个部位关联多份资料，工程资料填写的是施工的一个确切的位置，如单桩水平静载试验检测报告、大体积混凝土测温记录表、垂直度、平整度记录表等。

2) 模型多个部位关联一份资料，工程资料填写的是施工部分的范围，不是确切的位置，如钢筋、模板、混凝土检验批等。

3) 综合信息资料不与模型关联，不填写部位等信息，如设计文件、开工许可证、新技术推广应用等。

5. 信息维护、调用与数据输出

竣工模型整合后输出的数据采用标准文件格式，文档文件输出为docx、pdf格式，视频输出常用视频格式为avi、mp4等，图片输出为jpg格式。IFC标准作为统一的规范来约束不同软件、系统所定义的不同数据类型的交换过程，为BIM的信息集成提供了解决途径。模型依据不同的BIM软件输入相应的软件格式，输出必要的IFC通用格式文件以保证相互传递性。模型文件与资料信息通过软件外部链接，实现模型中构件资料信息实时调用查阅。信息格式输出类型图见图8-3。

竣工模型应标明信息的录入者、录入时间、软件版本及编辑权限，对多个信息接收方进行各自的权限分配来保证资料信息的安全性。

竣工资料信息宜采取数据库存取方式与BIM模型关联，方便后续信息调用查阅。

8.2.2 基于BIM的竣工资料成果交付

1. 成果交付形式

交付的模型文件为结构模型、建筑模型、机电模型、钢结构模型及各专业的整合模型；BIM应用过程中所产生的文档、图形文件，统一生成pdf文档；BIM应用过程中的漫游动画、工艺展示等影音文件，统一输出为avi、mp4格式视频文件。

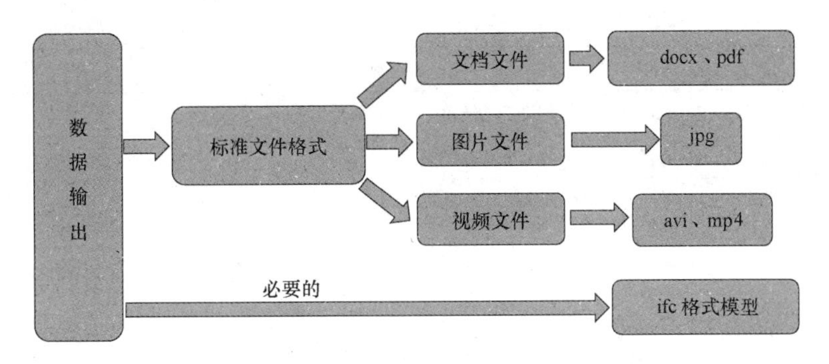

图 8-3　信息格式输出类型图

2. 针对施工单位、建设单位、档案馆基于 BIM 的竣工资料成果交付内容（以下表格列举的项为主要资料项，未一一列举）

（1）针对施工单位的基于 BIM 的竣工资料成果交付。

针对施工单位的基于 BIM 的竣工资料成果交付包括最终版的各专业 BIM 模型及整合后的 BIM 模型。模型资料信息需符合《建筑工程资料管理规程》JGJ/T 185—2009 要求，主要为 C 类资料（施工资料）。针对施工单位的 BIM 成果交付表详见表 8-4。

针对施工单位的 BIM 成果交付表　　表 8-4

资料类别	资料名称	备注
施工管理资料 C1	施工日志	
施工技术资料 C2	工程技术文件报审表	
	图纸会审记录	
	设计变更通知单	
	工程变更洽商记录	
施工物资资料 C4	主要设备安装使用说明书	
	智能建筑工程软件资料、安装调试说明、使用和维护说明书	
	各类进场材料实验报告、复试报告	
施工记录 C5	隐蔽验收记录	
施工试验资料 C6	各类材料的抗压强度报告、抗渗实验报告、配合比	
	探伤报告及记录	
	工艺评定	
	施工检测运行、实验测试记录	
施工记录 C7	结构实体混凝土强度验收记录	
	结构实体钢筋保护层厚度验收记录	
	钢筋保护层厚度实验报告	
	检验批质量验收记录表	

续表

资料类别	资料名称	备注
施工记录 C7	分项工程质量验收记录表	
	分部(子分部)工程验收记录表	
竣工质量验收资料 C8	单位(子单位)工程质量竣工验收记录	
	单位(子单位)工程质量控制资料核查记录	
	单位(子单位)工程质量观感质量检查记录	
	室内环境检测报告	
	工程竣工质量报告	
	建筑节能工程现场实体检验报告	

(2) 针对建设单位的基于 BIM 的竣工资料成果交付。

针对建设单位的基于 BIM 的竣工资料成果交付包括最终版的各专业 BIM 模型及整合后的 BIM 模型。模型资料信息参照《建筑工程资料管理规程》JGJ/T 185—2009 要求并结合业主归档要求，主要为 A 类资料（工程准备阶段文件）、B 类资料（监理资料）及部分 C 类资料（施工资料），以及用于后期运维管理的相关资料。针对建设单位的 BIM 成果交付表详见表 8-5。

针对建设单位的 BIM 成果交付表 **表 8-5**

资料类别	资料名称	备注
决策立项文件 A1	项目建议书	
	项目建议书的批复文件	
	关于立项的会议纪要、领导批示	
	工程立项的专家建议资料	
	项目评估研究资料	
建设用地文件 A2	规划意见	
	建设用地规划许可证及其附件	
	国有土地使用证	
	建设用地批准文件	
勘察设计文件 A3	岩土工程勘查报告	
	设计方案审查意见	
	初步设计图及设计说明	
	施工图审查意见	
	设计中标模型及初步设计模型	
竣工验收及备案文件 A7	建设工程竣工验收备案文件	
	工程竣工验收报告	
	建设工程规划、消防等部门的验收合格文件	
其他文件 A8	工程未开工前的原貌、竣工新貌图片	
	工程开工、施工、竣工的录音录像资料	
	建设工程概况	
	工程项目质量管理人员名册	

续表

资料类别	资料名称	备注
B类资料	见证资料	
	监理通知	
	监理抽检记录	
	不合格项处理记录	
	旁站监理记录	
	质量事故报告及处理资料	
	工程质量评估报告	
	工程变更单	

(3) 针对档案馆的基于BIM的竣工资料成果交付。

针对档案馆的基于BIM的竣工资料成果交付包括最终版的各专业BIM模型及整合后的BIM模型。模型资料信息参照《建筑工程资料管理规程》JGJ/T 185—2009要求并结合当地档案馆要求，主要为A类、部分B类及C类资料，针对档案馆的BIM成果交付表详见表8-6。

针对档案馆的BIM成果交付表 **表8-6**

资料类别	资料名称	备注
决策立项文件A1	项目建议书	
	项目建议书的批复文件	
	关于立项的会议纪要、领导批示	
	工程立项的专家建议资料	
	项目评估研究资料	
建设用地文件A2	规划意见	
	建设用地规划许可证及其附件	
	国有土地使用证	
	建设用地批准文件	
勘察设计文件A3	岩土工程勘查报告	
	设计方案审查意见	
	初步设计图及设计说明	
	施工图审查意见	
	设计中标模型及初步设计模型	
开工文件A5	规划许可证、施工许可证	
竣工验收及备案文件A7	建设工程竣工验收备案文件	
	工程竣工验收报告	
	建设工程规划、消防等部门的验收合格文件	
其他文件A8	工程未开工前的原貌、竣工新貌图片	
	工程开工、施工、竣工的录音录像资料	
	建设工程概况	
	工程项目质量管理人员名册	

续表

资料类别	资料名称	备注
B类资料	见证资料	
	监理通知	
	监理抽检记录	
	不合格项处理记录	
	旁站监理记录	
	质量事故报告及处理资料	
	工程质量评估报告	
	工程变更单	
施工技术资料 C2	图纸会审记录	
	设计变更通知单	
	工程变更洽商记录	
施工记录 C7	分部(子分部)工程验收记录表	
竣工质量验收资料 C8	单位(子单位)工程质量竣工验收记录	
	单位(子单位)工程质量控制资料核查记录	
	单位(子单位)工程质量观感质量检查记录	
	室内环境检测报告	
	工程竣工质量报告	
	建筑节能工程现场实体检验报告	

思考题：

1. 基于 BIM 的竣工资料主要注重什么？
2. 如何建立资料数据库？
3. 最终提交的竣工模型应满足哪些要求？
4. 创建 BIM 模型数据接口并建立模型与资料的链接方法有哪些？
5. 基于 BIM 的竣工资料成果交付形式是什么？

参 考 文 献

[1] 李云贵. 建筑工程施工 BIM 应用指南 [M]. 北京：中国建筑工业出版社，2014.

[2] 王婷. 肖莉萍. 基于 BIM 的施工资料管理系统平台架构研究 [J]. 工程管理学报，2015，29 (3)：50-54.

[3] 姜韶华. 基于 BIM 的建设项目文档管理系统设计 [J]. 大连：工程管理学报，2012，(01)：59-63.

第 9 章　BIM 在施工管理中的应用——验算

本章学习要点：

了解利用 BIM 进行各类验算分析的优势，了解钢结构行业现阶段应用最广的 BIM 软件，掌握其主要优势，掌握进行钢构件吊装力学分析需要具备的要素，了解将 BIM 中的模拟场景导入疏散分析软件 Pathfinder 中，需对 BIM 模型数据进行的转换，掌握进行疏散模拟分析时应选取的场景。

设计师在设计时一般是以建筑竣工以后正常使用的形态作为分析对象进行结构安全、消防等方面的分析计算。但是建筑的施工过程是将设计成果从图纸转化为实物形态的过程，在这一过程中建筑结构的安全性、使用功能的完备性均和竣工时的形态不一样，所以在施工的过程中结构的安全性和施工现场的消防均存在安全隐患，这就要求施工企业需要进行相应的分析计算，排除安全隐患，确保施工过程中的生产安全。

随着 BIM 技术的快速发展，各类分析计算软件已开始支持 BIM 模型和数据直接导入进行计算分析，避免了重复建模的工作，同时也保证了数据的唯一性，对分析结果的准确性更有保障。

本章介绍 BIM 在工程项目施工管理中的验算应用，主要包括钢结构吊装受力分析、人员紧急疏散模拟方面的内容。

9.1　钢结构吊装受力分析

钢结构工程施工过程是一个结构从无到有、从小到大、从局部到整体、从简单到复杂，且几何形态、结构体系、边界条件和荷载分布不断变化的过程，施工过程中单个构件和整体结构体系的受力状态都在随时间变化。传统的结构力学分析中结构形式是已知的、固定不变的，结构设计也是利用结构力学的原理将已经建造好的建筑作为研究对象，结构的体型、荷载、刚度以及边界条件等因素是一次性加载在结构上的，并未考虑建造过程对结构的影响。而且构件在吊装过程中的姿态、支撑和受力与完成后的状态均不同。因此为保证钢结构在施工过程中的精度和安全性，往往需要对结构体系进行吊装过程计算分析，重点部位还需要跟踪并进行监测分析。

使用 BIM 软件和力学分析软件可以计算构件在吊装过程中的变形和内力，校核吊点设置数量和位置是否合理，也可以对钢结构吊装过程中各施工阶段构件的强度、刚度和稳定性等力学性能变化进行分析检测。通过对重点构件的应力、变形和位移变化进行全过程的分析，可以找出其薄弱环节，采取合理的方案和措施予以加强，确保结构体系的安全性和后续安装的准确性。

9.1.1 模型准备

钢结构行业应用最广的 BIM 软件是由美国 Trimble 公司研发的 Tekla Structures，该软件是全球最负盛名的钢结构详图设计软件，全球市场占有率约 60%。Tekla Structures 经过多年的发展积累了丰富的钢结构节点库，包含自动化的详图生成功能，建模和详图设计效率高。而且美国 Trimble 公司开发了与世界上各大主流设计分析软件、钢结构自动化加工设备的数据接口，可以实现钢结构设计、深化、加工制作和施工安装全过程的数据流动。这里采用 Tekla Structures 搭建钢结构 BIM 模型并进行力学分析。

进行钢构件的吊装力学分析需要包含物理模型、荷载模型、分析模型和分析软件四个要素。其中物理模型、荷载模型和分析模型在 Tekla Structures 中建立完成，力学分析计算的过程需在专业的力学分析软件环境下完成。

（1）物理模型。包括在模型中创建的零件以及与这些零件相关的信息。物理模型中的各个零件都存在于完整的结构中。使用 Tekla Structures 建立的桁架钢结构 BIM 模型如图 9-1 所示。

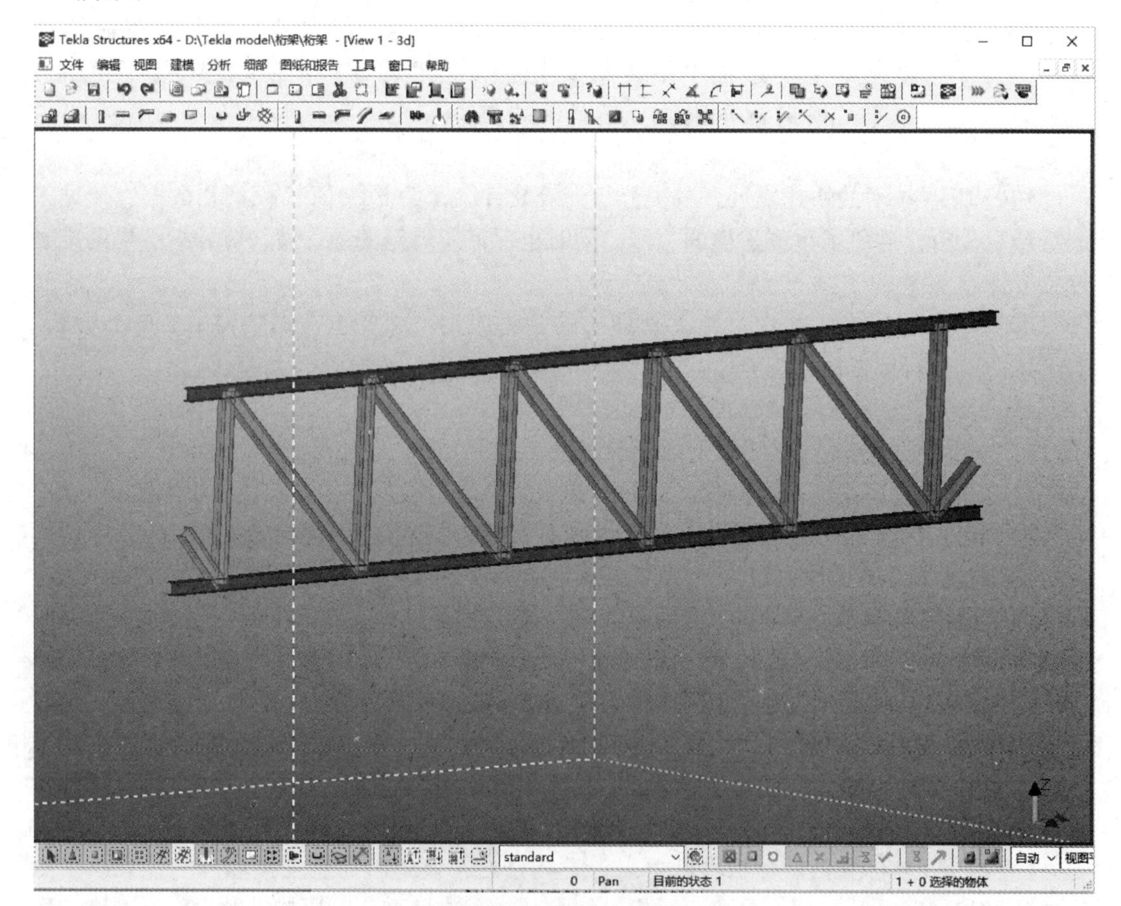

图 9-1 桁架钢结构 BIM 模型

（2）荷载模型。包含有关荷载和荷载组合的信息，此外还包含了有关 Tekla Structures 在荷载组合中使用的内置结构规范的信息。

（3）分析模型。在分析和设计模型对话框中选择分析模型，Tekla Structures 会自动为物理模型零件生成需要的分析构件。生成的分析对象主要有：

- 物理零件的节点、分析构件和元素
- 节点的支撑条件
- 构件和节点之间的连通性
- 作用于构件和元素上的荷载

（4）分析软件。Tekla Structures 与世界上主流的力学分析软件具有数据接口，还支持用这些软件进行多种格式的输出。用于结构分析的分析软件使用分析模型中的数据生成分析结果。下面以 Midas Gen 为例进行介绍。

Midas Gen 是由韩国迈达斯技术有限公司开发的适用于土木、机械等工程领域的通用有限元软件，该软件在体育场、车站等具有大跨、复杂约束关系的空间结构分析与设计中具有较广泛的应用。Tekla Structures 可以与 Midas Gen 通过自动接口进行链接。

9.1.2　确定构件属性

在 Tekla Structures 软件零件分析属性对话框中的分析、起点约束、末端约束、合成、跨度、荷载、设计、位置的分析等选项卡进行相应的设置，可以定义零件或局部结构的分析属性。

1. 设置构件类别

Tekla Structures 根据杆件类别定义在力学分析中处理各个杆件的方式。表 9-1 为构件类别列表，其中列出了 Tekla Structures 可定义的杆件类别和说明。Tekla Structures 在分析模型中使用不同的颜色显示零件的构件分析类别。

构件类别列表　　**表 9-1**

构件类别	说　　明	颜 色
梁	两个节点的线对象。 杆件可以承受任何荷载，包括温差荷载	深红色
柱	两个节点的线对象。 构件可以承受任何荷载，包括温差荷载	深红色
次构件	两个节点的线对象。 构件可以承受任何荷载，包括温差荷载。 分类为次构件的构件默认情况下一直保持轴位置为关闭状态，次零件将捕捉到最近的节点而不是零件末端节点	深红色
墙	三个或多个节点的多边形对象。 仅对依照设计规范的矩形混凝土板和厚板适用。对于不承受直接荷载的混凝土板或厚板，Tekla Structures 将其作为剪力墙分析	浅绿色
板	三个或多个节点的多边形对象。构件可以承受任何荷载，包括温差荷载	浅绿色
上面的选项与以下选项之一配合使用：		
桁架	构件只能承受轴向力，而不能承受弯矩、扭矩或抗剪力。通常用于支撑杆件	绿色
桁架（仅受拉）	构件只能承受轴向拉力，而不能承受弯矩或抗剪力。如果此构件进入受压状态，分析模型中将忽略它	粉红色

续表

构件类别	说　明	颜色
桁架（仅受压）	构件只能承受轴向压力，而不能承受弯矩或抗剪力。如果此构件进入受拉状态，分析模型中将忽略它	黄色
忽略	分析模型中忽略的构件。 如果在荷载选项卡上将生成自重荷载设置为是，则会考虑自重荷载	—
壳	板件可以承受除温差荷载以外的其他任何荷载，用于分析板、面板和厚板	浅绿色
刚性模	只适用于平行于总体 x y 平面的多边形板、混凝土板。将使用共同影响位移的刚性连接来连接属于某个符合过滤器的零件的节点	淡紫色
板		浅绿色
模	与壳一样，但板、膜或板型基础单元用于分析软件中	浅绿色
板型基础		浅绿色

根据构件的实际情况使用零件分析属性对话框中的分析选项卡定义杆件的类别。构件类别设置如图 9-2 所示。

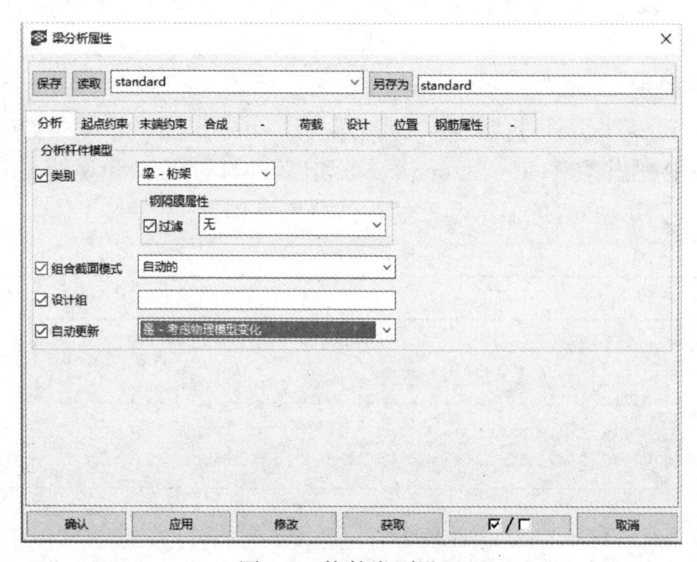

图 9-2　构件类别设置

2. 设置起点、末端的节点约束类型

在结构分析中杆件的应力和挠度由该零件与其他杆件的支撑或连接关系决定。连接决定了分析构件之间或它们与节点之间如何移动、偏移、翘曲、变形等。构件末端和节点有三个方向的自由度（Degree of Freedom，DOF）。Tekla Structures 使用杆件属性、连接属性或细部属性来确定如何连接分析模型中的构件。在零件分析属性对话框中的起点约束和末端约束选项卡中设置杆件的约束类型。端点约束设置如图 9-3 所示。

3. 设置构件位置

零件的构件轴的位置定义了分析构件在分析模型中实际接触的位置及其长度，它们还影响 Tekla Structures 创建节点的位置。在零件分析属性对话框中位置选项卡可以定义各

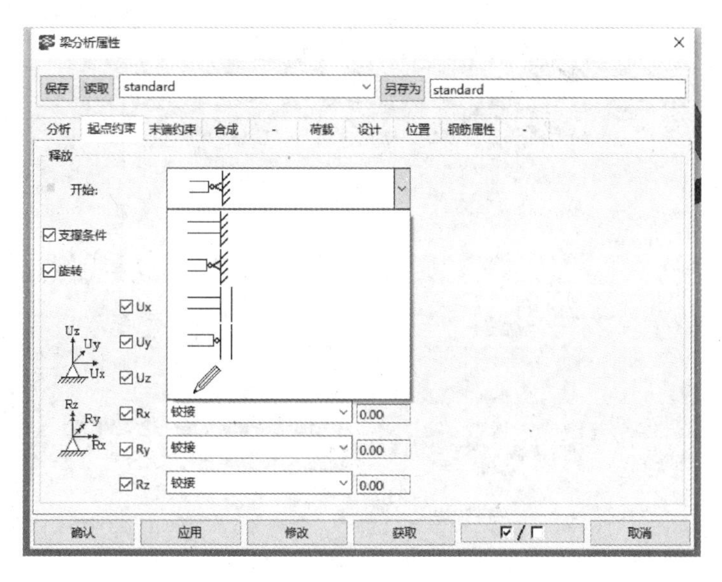

图 9-3　端点约束设置

个零件的构件轴位置以便进行分析。构件位置设置如图 9-4 所示。

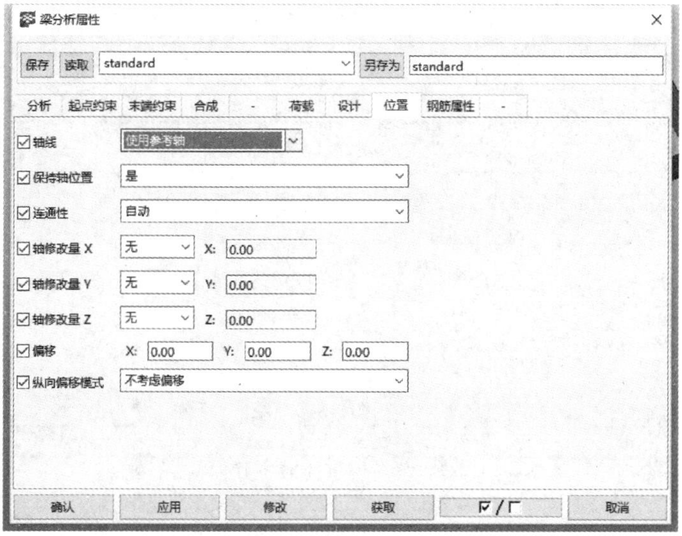

图 9-4　构件位置设置

9.1.3　定义荷载

在通过创建零件完成物理结构的建模后就可以开始添加荷载。在分析→荷载菜单中可以创建均布或非均布的点荷载、线荷载和面荷载，也可以创建温度荷载、风荷载和地震荷载的模型，并且也可以将荷载附加到特定零件或位置。荷载创建如图 9-5 所示。

在构件吊装分析中基本不涉及外部荷载，仅需分析构件的自重荷载。自重荷载在零件分析属性对话框中的荷载选项卡中进行设置，钩选生成自重荷载选项即可。自重荷载创建如图 9-6 所示。

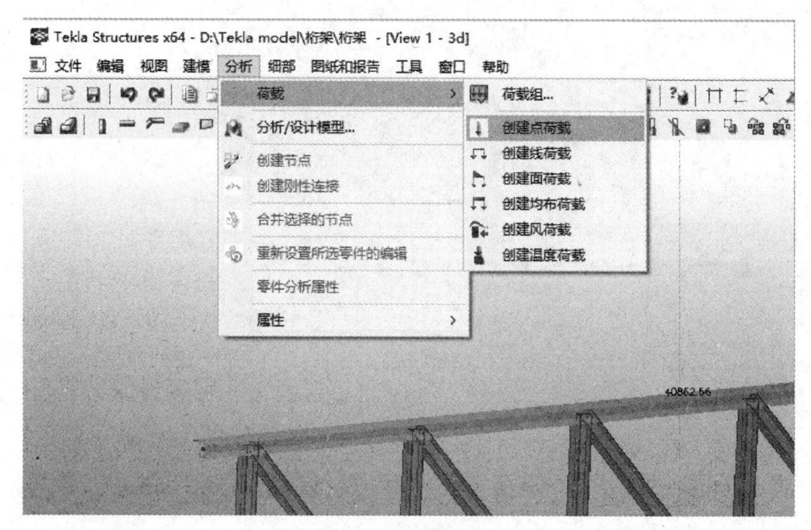

图 9-5　荷载创建

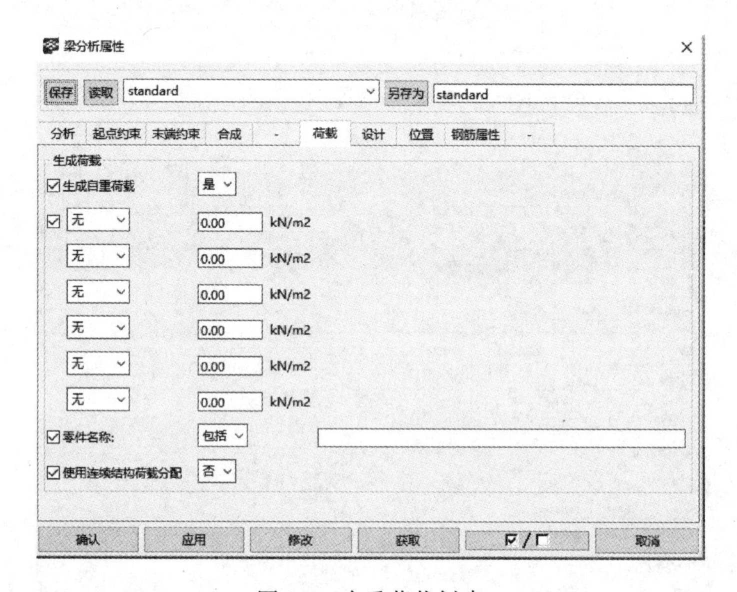

图 9-6　自重荷载创建

9.1.4　生成分析模型

完成分析模型和荷载的设置后可将分析模型导出到指定的结构分析软件中。分析模型生成如图 9-7 所示。在其中分析软件选项中选择正确的分析软件接口程序即可直接打开分析软件并把分析模型导入软件进行分析，也可以导出分析软件可读取的文件。

9.1.5　力学分析

在 Midas Gen 中进行相应的分析控制设置，运行分析即可得到分析结果，得到构件内力、变形数据，并生成应力云图直观表示应力或变形以判断构件吊装吊点设置数量和位置是否合适，确保构件吊装的安全。构件吊装分析应力云图如图 9-8 所示。

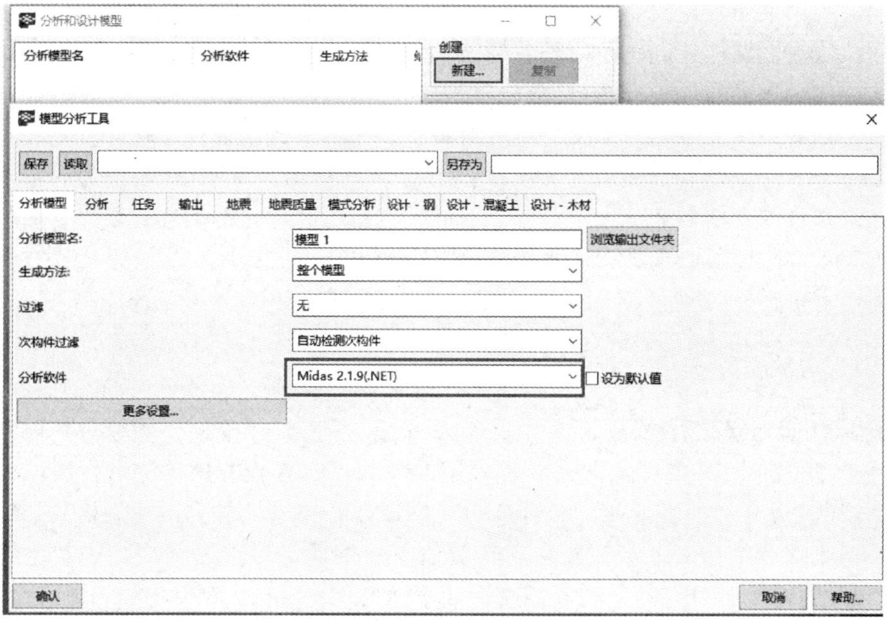

图 9-7　分析模型生成

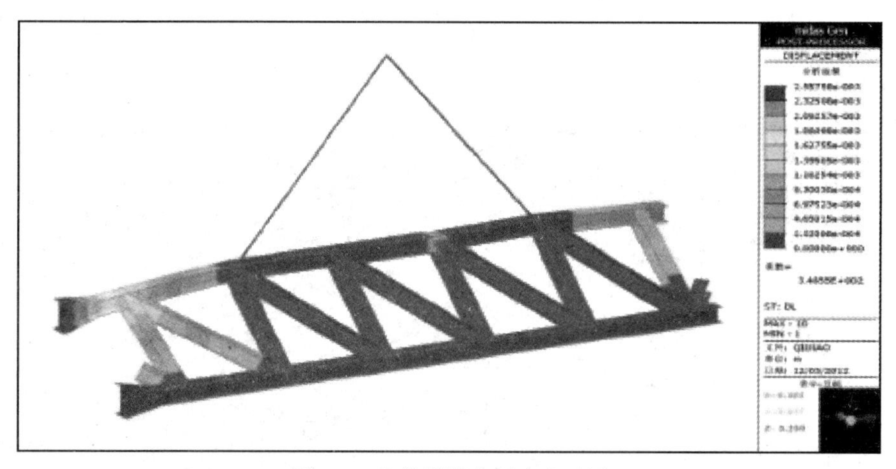

图 9-8　构件吊装分析应力云图

9.2　人员紧急疏散模拟

建筑施工企业是《安全生产法》所规定的三类危险性较大的高危企业之一，其主要的生产活动基本均在施工现场，其中火灾就是建筑施工六大伤害（高空坠落、物体打击、电伤害、机械事故、坍塌、火灾）之一。建筑施工现场的火灾特点除具有火灾蔓延快、人员疏散困难和扑救困难的特点外，还具备已建工程所不具备的特点，如临时线路多、消防设备和设施不完善、缺乏消防水源和通道等。在建工程火灾存在这些特点的主要原因是在建工程相对于已建工程来说是一个动态的过程，不确定因素更多、变化更快，因此在火灾风险的评估和管理方面难度更大。

目前对高层消防安全的研究已经取得了很多重要的进展，但这些研究主要集中在高层建筑使用阶段，而对应在施工阶段随着施工的开展，伴随施工内容、现场布置、施工部位的转变，相应的火灾疏散没有得到系统的研究。BIM 技术能够将工程项目全寿命期中的各个阶段相结合，建立一体化模型，具有可视化、模拟性、协调性、优化性等特点，因此 BIM 模型是有别于传统建筑模型呈现方式的数字信息模型。基于 BIM 技术的特点，将其运用在施工现场安全疏散的分析上，配合疏散仿真模拟软件，能够在建筑设计阶段优化设计，最大限度减少安全隐患，在施工阶段降低事故发生率，保障施工人员安全，并模拟优化最佳疏散方案。

9.2.1 疏散模拟场景准备

1. 疏散场景建模

在施工场景的 BIM 模型建立完成后采用 Pathfinder 疏散仿真软件进行疏散模拟。为了实现两者的兼容性，施工场景 BIM 模型以“.DXF”格式文件完成模型格式转换后导入到 Pathfinder 软件中。BIM 模型导入到疏散仿真软件后并不能直接应用于疏散模拟，需要对其中的承载平面（楼板）、高低差通道（楼梯）、安全出口（门）进行识别。施工场景 BIM 模型导入后的 Pathfinder 疏散模型如图 9-9 所示。

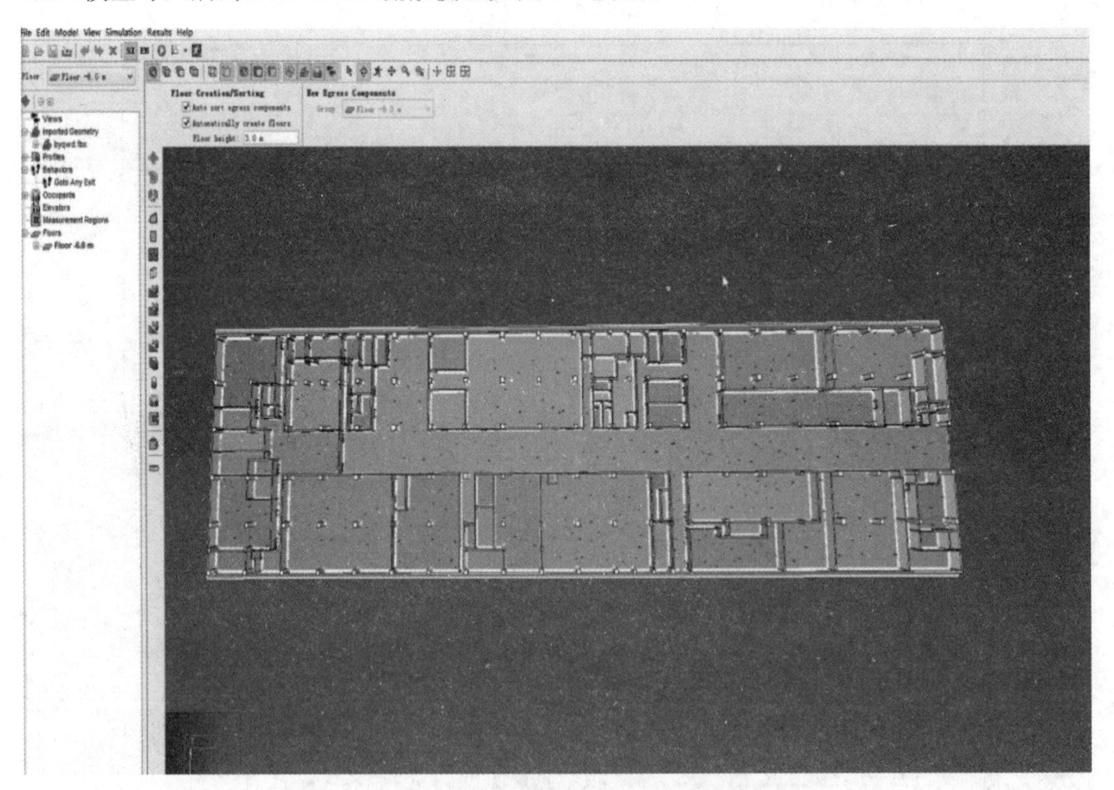

图 9-9 导入后的 Pathfinder 疏散模型

2. 疏散人员的设定

在疏散场景中添加智能体作为作业人员，这时疏散人员数量依据不同施工阶段所需劳动力计划设置、人员分布以其实际工作位置设定，疏散人员的特性依据调查结果进行体征、速度、行为的设定。

3. 障碍物设置

由于施工作业是一个动态变化的过程，每个阶段场景不同、交通平面也不同，因此对作业人员的疏散速度、疏散路径会产生影响。可以依据不同阶段的现实状态进行堆料、器具等障碍物的设置。

9.2.2 人员疏散模拟参数设定

1. 作业人员体征的设定

由于作业人员为体力劳动者，因此施工现场多为男性青壮年、男性中年和少量的女性青壮年、女性中年，为简化处理，模拟过程中假设施工现场只有这四类人群。由于施工人员的体形不同，模型中设定肩宽范围在38～43cm之间。

2. 作业人员速度的设定

由于施工现场的复杂程度一直在变化，不同位置人员的疏散速度也不同。表9-2为施工现场疏散速度表，其中列出了不同交通平面施工作业人员的疏散速度，可以根据疏散的线路选取合适疏散速度。

施工现场疏散速度表 **表9-2**

疏散交通方式	疏散平面	平均速度(m/s)
水平向疏散交通	钢筋平面	1.21
	正常平面	1.81
垂直向疏散交通	楼梯、坡面	1.14
	脚手架	0.17

3. 行为模式的选择

发生紧急情况需要疏散时，人员疏散行动开始前及疏散过程中的行为反应对于整个疏散时间分析结果的影响非常明显。人员疏散行动前后的行为受到生理、心理状态以及安全教育背景和应急经验等因素的影响。如果发生重大灾害或紧急事故的场所为公共场所时，由于人员类型的不确定、人员行为的随机性和模糊性，对于人员应急疏散行为进行定量的分析和实验模拟是非常困难的。当重大灾害或紧急事故发生在特定场所并且人员相对固定时，对于人员应急疏散行为的分析则相对具有一定的规律性。

为了满足不同的人员紧急疏散模拟场景需求，Pathfinder软件中内置两种人员行为模式。SFPE模式基于火灾防护设计手册中的SFPE概念和SFPE工程指南，利用空间密度确定运动速度，疏散人员会自动转向距离自己最近的出口，不考虑拥挤碰撞等因素。Steering模式为采取路径规划、操作机制、碰撞处理相结合的方式控制人员的运动，当人员之间的距离、人员到原设定逃生出口处的疏散距离超过某一阈值，人员会自动重新选择路径，这样会避免拥挤发生碰撞。

施工现场作业人员一般都经过了现场安全教育和逃生演练，具有一定的安全逃生意识和知识，而且对施工现场的布置、逃生路线等信息也相对熟悉。因此仿真模拟分析时使用Steering模式，更加接近施工人员在疏散时的行为选择方式。

9.2.3 施工现场作业人员的疏散模拟分析

1. 疏散模拟

由于施工现场各施工阶段、各时段的工作内容不同，作业面的类型也不同，当作业面行走困难、障碍物多，疏散速度会大大降低。为保障在紧急情况时作业人员有足够的时间疏散，通常选择最不利的施工场景导入疏散软件中进行模拟分析。图 9-10 为疏散模拟分析。

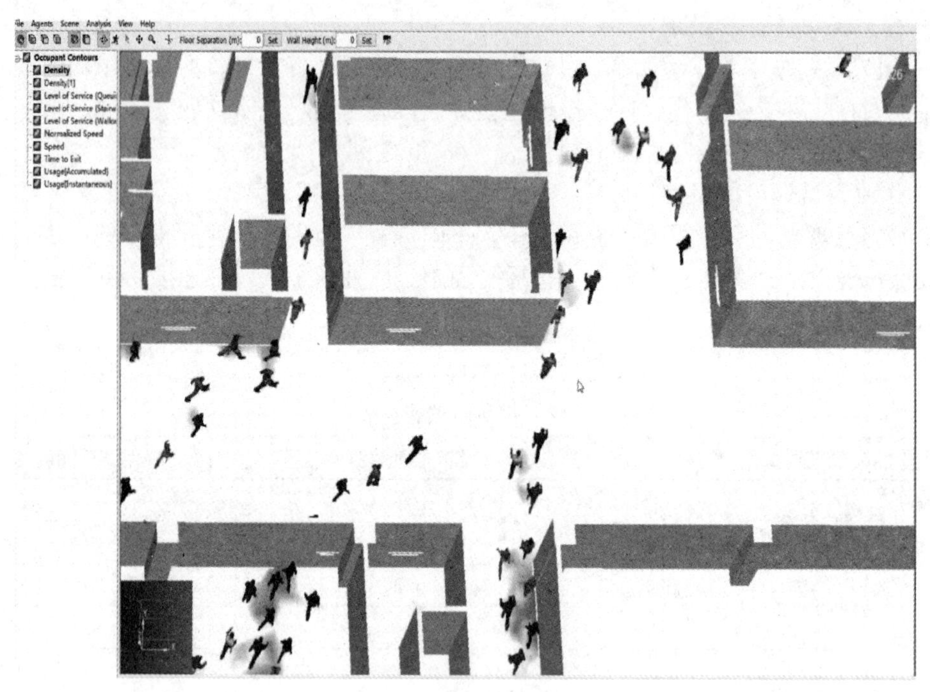

图 9-10 疏散模拟分析

疏散模拟完成后，可通过 3D 视角回放查看整个模拟过程的人员疏散轨迹，并可以生成动画视频保存。疏散过程疏散人员数量变化可以生成动态曲线图，便于直观分析疏散效率。疏散人员数量动态曲线图如图 9-11 所示。

2. 安全性判定

施工现场发生紧急情况时作业人员能否安全疏散主要取决于所需安全疏散时间（T_{RSET}）与可用安全疏散时间（T_{ASET}）之间的对比。所需安全疏散时间是指从紧急情况发生到所有施工人员全部疏散到安全地带所用总时间，可用安全疏散时间是指事故或其他紧急情况持续发展对人员造成的伤害至超出人体承受极限的时间，即可提供的安全疏散时间，只有 $T_{\mathrm{RSET}} \leqslant T_{\mathrm{ASET}}$时，作业人员才是安全的。

我国《建筑设计防火规范》只对竣工后正常使用的建筑安全疏散有要求，对施工现场则没有相关要求。因此，施工现场的可用安全疏散时间需要参考现有规范取值。规范规定安全疏散允许的时间为：

（1）高层建筑，可按 5～7min 考虑；

（2）一般民用建筑，一、二级耐火等级应为 6min，三、四级耐火等级可为 2～4min；

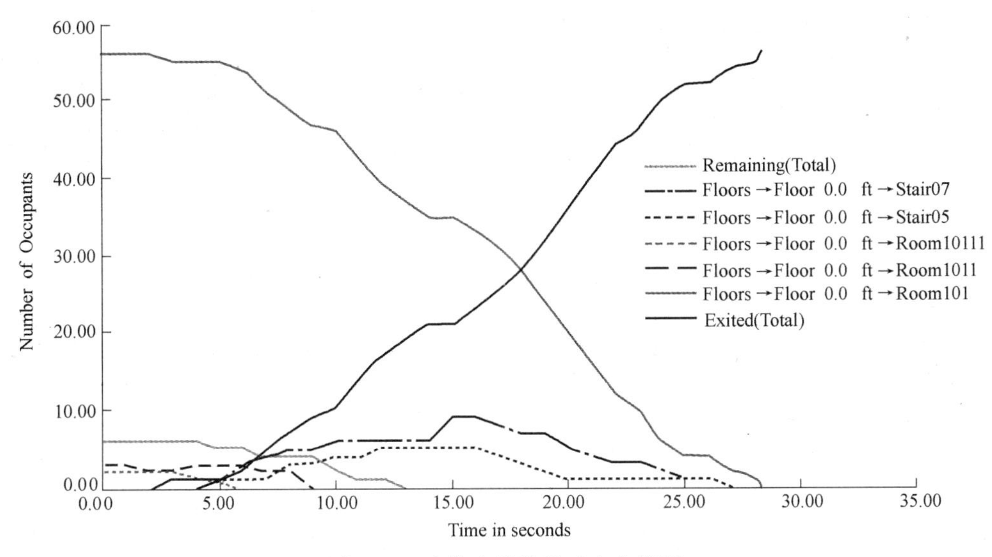

图 9-11 疏散人员数量动态曲线图

(3) 人员密集的公共建筑，一、二级耐火等级应为 5min，三级耐火等级的建筑物不应超过 3min，其中疏散出观众厅的时间，一、二级耐火等级的建筑物不应超过 2min，三级耐火等级不应超过 1.5min。

施工现场的场景和一般民用建筑较为接近，现场除部分模板外，可燃物数量不多且不集中。所以施工现场的可用安全疏散时间可以参照一般民用建筑，一、二级耐火等级取值 6min。

思考题：

1. 利用 BIM 进行各类验算分析的优势是什么？
2. 钢结构行业现阶段应用最广的 BIM 软件是什么？它主要的优势是什么？
3. 进行钢构件吊装力学分析需要具备哪些要素？
4. 为将 BIM 中的模拟场景导入疏散分析软件 Pathfinder 中，需将 BIM 模型数据转换成什么格式的文件？
5. 进行疏散模拟分析时，应选取什么样场景进行分析？

参考文献

[1] 葛杰，王玉岭，王桂玲，等. 杭州国际博览中心大跨度钢桁架吊装施工过程分析 [J]. 施工技术，2013，28 (9)：64-67.

[2] 葛杰，王玉岭，王桂玲，等;. 吊点高度对大跨度钢管桁架的性能影响分析 [J]. 施工技术，2013，42 (20)：44-46.

[3] 杨党辉，苏原，孙明. BIM 技术在结构设计中的应用问题探讨 [J]. 建筑技术，2015，46 (5)：394-398.

[4] 何关培. BIM 和 BIM 相关软件 [J]. 土木建筑工程信息技术，2010，2 (4)：110-117.

[5] 刘照球，张吉. 结构分析 BIM 模型框架和数据转换应用 [J]. 工业建筑，2015，45 (2)：178-183.

［6］ 张月梦萦，李连盼，彭彦平. 基于Pathfinder的某高层BIM模型人员疏散仿真研究［J］. 工业控制计算机，2014，27（12）：110-114.
［7］ 李杨. 建筑施工现场火灾风险评估及对策研究［D］. 西安：西安建筑科技大学，2015：7-10.
［8］ 吴军梅. 基于BIM的施工现场劳务人员安全疏散研究［D］. 西安：西安建筑科技大学，2015：49-51.
［9］ 吕淑然，杨凯. 火灾与逃生模拟仿真-PyroSim＋Pathfinder中文教程与工程应用［M］. 北京：化学工业出版社. 2014.267-270.
［10］ 许禄权. 在建高层建筑施工火灾应急管理研究［J］. 工程与建设，2015，29（3）：424-425.

第 10 章　BIM 在施工管理中的应用——效益

本章学习要点：

掌握施工管理过程主要的划分阶段及各阶段的主要工作内容，了解 BIM 技术在施工生产阶段效益的主要体现，了解 BIM 技术在竣工交付阶段效益的主要体现，了解 BIM 技术整体成效的主要体现。

本章介绍 BIM 在工程项目施工管理应用中的效益，主要包括 BIM 在施工管理各阶段工作的效益、BIM 在施工管理中的综合效益两方面的内容。

10.1　BIM 在施工管理各阶段工作的效益

10.1.1　施工策划阶段

这一阶段主要进行以下工作：成立项目经理部，根据工程管理的需要建立机构，配备管理人员；编制施工组织设计，主要是施工方案、施工进度计划和施工平面图，用以指导施工准备和施工；制订施工项目管理规划，以指导施工项目管理活动；进行施工现场准备，使现场具备施工条件，利于进行文明施工。

这个阶段 BIM 技术的效益主要体现在：创建一个每个人都容易观察、探究和理解的 3D 模型，然后基于 BIM 模型进行项目协同工作。BIM 使得团队合作更为有效，这是因为与设计师沟通其设计意图更为便捷，更方便与承包、分包团队及他们的供应商、合作伙伴、客户讨论、审核，减少交流时间，提高大家对项目理解的共识从而使项目更好更快地完成。基于 BIM 的项目协同如图 10-1 所示。

3D 模型附加时间维度就形成了动态的 4D BIM 模型，在展示施工顺序和建筑场地的空间使用方面可进行阶段性的模拟。4D BIM 模型是一个非常有力的可视化与交流的工具，它能够使项目团队和业主对项目节点和施工计划有更好的理解。

图 10-1　基于 BIM 的项目协同

策划阶段 BIM 效益主要体现在：

（1）让业主和项目参与各方更好地理解阶段进度计划，更好地展示项目的关键路线；

（2）动态的阶段占地平面图可以提供空间冲突的多种选择和解决

方案；

（3）人力、设备和材料资源在BIM模型内整合规划，有利于形成更好的进度计划表和项目的成本预算；

（4）在施工之前确定和解决工作空间的冲突；

（5）确定进度计划表，排序模拟阶段性问题；

（6）提高项目的可施工性，使操作和维护更容易；

（7）提高生产效率和减少现场浪费；

（8）更好地传达项目的空间复杂性，以便支持进行额外的分析。

10.1.2 深化设计阶段

在一些大型建筑工程项目中由于空间布局复杂、系统繁多，对设备管线的布置要求高，设备管线之间或管线与结构构件之间容易发生碰撞，给施工造成困难，无法满足建筑室内净高，造成二次施工，增加了项目成本。基于BIM技术可将建筑、结构、机电等专业模型整合，再根据各专业要求及净高要求将综合模型导入相关软件进行碰撞检查，根据碰撞报告结果对管线进行调整、避让，对设备和管线进行综合布置，从而在实际工程开始前发现问题。基于BIM的碰撞检测优势分析见表10-1。

基于BIM的碰撞检测优势分析　　表10-1

	工作方式	影　响	调整后工作量
传统碰撞检测工作	各专业反复讨论、修改、再讨论，是一项耗时的协调工作	1. 调整工作对同步操作要求高，牵一发动全身。 2. 工程进度因重复劳动而受拖延，效率低下	重新绘制各部分图纸（平、立、剖面图）
BIM碰撞检测工作	在模型中直接对碰撞实时调整	1. 简化异步操作中的协调问题。 2. 模型实时调整，统一、即时显现	利用模型按需生成图纸，无需进行绘制步骤

在应用过程中，结合工程项目体量大、专业多、协调工作复杂的特点，可以实施集标准规范、协同流程、针对性方案以及深化成果为一体的BIM技术深化设计模式和管理流程。这样不但能保证基于BIM技术深化设计的有效实施，而且将建设单位、设计、总包和分包等各参与单位的沟通协作统一在BIM模型提供的三维平台上进行，为项目部开创了一种全新的技术管理模式，提升了项目部的整体管理水平。

深化设计阶段BIM技术的效益主要体现在：

（1）通过BIM技术进行深化设计，将整个深化设计过程变得更为直观、精确；

（2）施工成本和错误率大幅降低，工作效率大幅提升；

（3）在设计评审阶段根据最终用户和业主的反馈更容易地进行模型化或实施改变不同的设计选择和备选方案；

（4）创建更短和更有效的设计和设计评审流程；

（5）更简单地与业主、施工团队和最终用户交流设计；

（6）在满足规划要求、业主需要和建筑或空间美学方面获得及时反馈；

（7）极大地增强不同方的协调和交流，有可能做出更好的关于设计的决定。

10.1.3 施工生产阶段

这一阶段主要进行以下工作：按施工组织设计的安排进行施工，在施工中做好动态"四控制"、"五管理"工作，控制质量目标、进度目标、成本目标、安全目标；实施资源管理（人、材、机）、技术管理（设计、变更、方案）、现场管理、合同管理、信息管理（风险、分包控制）。管好施工现场，实行文明施工。严格履行工程承包合同，处理好内外关系，管好合同变更及索赔，做好记录、协调、检查、分析工作。基于 BIM 的施工应用如图 10-2 所示。

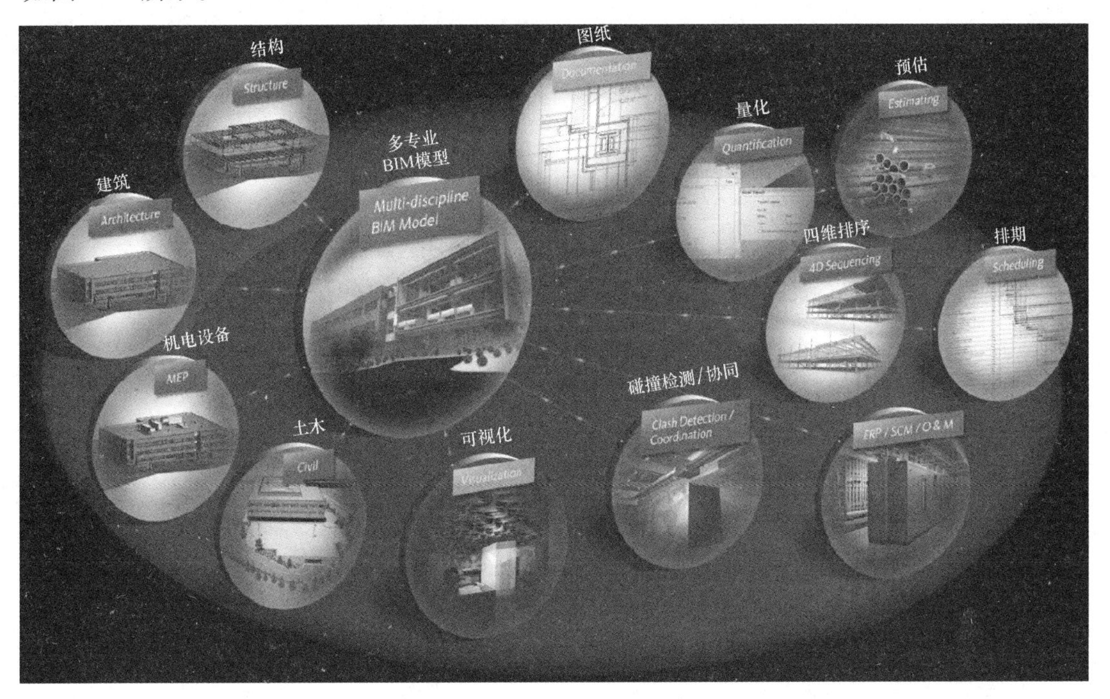

图 10-2　基于 BIM 的施工应用

施工阶段 BIM 技术的效益主要体现在：

1. 场地建模

（1）提供将来使用的环境文件；

（2）对将来的建模和 3D 设计协调起支持作用；

（3）对已经存在于场地的工作提供精确的展示；

（4）提供详细的平面布置信息；

（5）便于防灾应急规划；

（6）用于可视化的目的。

2. 施工建模

（1）对利益相关者的设计透明；

（2）成本和进度计划更好的动态控制；

（3）强大的设计可视化；

（4）项目利益相关者和 BIM 使用者之间有效的协作；

（5）改善质量控制和质量保证。

3. 成本预算

（1）精确地量化模型中的材料；

（2）快速生成工程量以辅助决策；

（3）监控项目材料的采购情况；

（4）更好地可视化表现必须要进行预算的项目和施工元素；

（5）通过减少工程量的统计时间节约造价师的时间；

（6）允许造价师将精力放在预算中更有价值的附加工作，比如：确认生产价格和要素风险等；

（7）在业主的预算范围内更容易地探究设计方案；

（8）快速确定指定对象的成本。

4. 施工协调

（1）通过模型协调建筑工程的各参与方；

（2）减少和消除现场冲突，和其他方法相比较显著地减少工程联系单；

（3）可视化施工；

（4）提高生产力；

（5）减少施工成本，实现潜在的更少的成本增加（例如更少的变更单）；

（6）减少施工时间；

（7）提高现场生产效率；

（8）形成更精确的竣工图。

5. 施工组织

（1）增加复杂建筑系统的可施工性；

（2）增加施工生产效率；

（3）增加复杂建筑系统的安全意识；

（4）减少语言障碍。

6. 数字化加工

（1）确保信息的质量；

（2）最小化机器加工的偏差；

（3）增加加工效率和安全性；

（4）减少前置时间；

（5）适应设计上的最新改变；

（6）减少对 2D 纸质图纸的依赖。

7. 数字化测量

（1）通过把模型与现实的坐标连接减少布置错误；

（2）通过减少实地的测量时间增加效率和生产力；

（3）由于控制点直接从模型获取从而减少重复性工作；

（4）减少或消除语言障碍。

10.1.4 竣工交付阶段

本阶段主要进行以下工作：工程收尾、进行试运转。在预检的基础上接受正式验收整理、移交竣工文件，进行财务结算，总结工作，编制竣工总结报告，办理工程交付手续。后期进行必要的维护和保修。竣工交付 BIM 用于运维如图 10-3 所示。

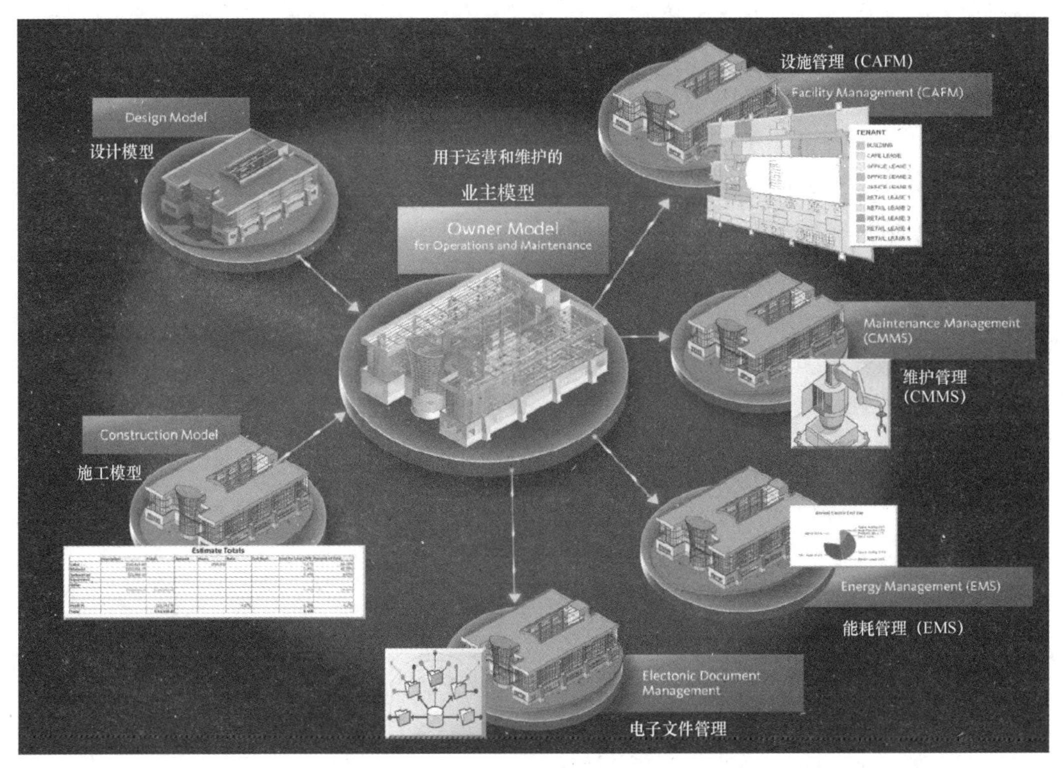

图 10-3　竣工交付 BIM 用于运维

竣工交付阶段 BIM 效益主要体现在：

1. 记录模型

（1）对以后改建建模和 3D 设计协调有帮助；

（2）对批准流程有作用（例如持续性改变所依据的规范）；

（3）根据改建或设备更替植入维保数据；

（4）给业主提供建筑、设备、空间的精确模型以创建和其他 BIM 应用的协同；

（5）最小化建筑周转信息和需要存贮这些信息的空间；

（6）更容易地把客户要求的数据进行集成，比如房间面积环境数据，以及设计参数和竣工数据。

2. 维护计划

（1）主动地计划维修活动以及合适地分配维修人员；

（2）追踪维修历史；

（3）减少维修保养和紧急抢修次数；

（4）由于清楚知道设备或系统的物理位置而提高维修人员的工作效率；

（5）根据对所需费用的评估来确定合理的维修方案。

3. 资产管理

（1）存贮用户维护手册和设备快速入门的使用说明；

（2）评估和分析设施和设备状态；

（3）维护最新设施和设备数据，包括但不局限于：维护计划、保证条款、成本数据、维护记录、制造商数据和设备功能；

（4）给业主、维护团队、财务部门提供追踪建筑资产维护的综合资源；

（5）生成精确的公司资产工程量统计，以便估算未来升级和更换特定资产所涉及的成本；

（6）通过增加的可视化水平帮助财务部门有效地分析不同类型的资产；

（7）为维护人员自动生成计划工作通知。

4. 空间管理

（1）更容易地为合理地使用建筑确认和分配空间；

（2）快速地追踪现有的空闲资源和使用资源；

（3）协助规划设施的未来空间需求。

5. 应急管理

（1）提供治安、火灾、公共安全公务人员，可以实时使用关键建筑信息的第一响应装置；

（2）改善应急效率；

（3）最小化响应的风险。

10.2 BIM在施工管理中的综合效益

建筑业是一个传统产业。一方面，建筑业是国民经济的支柱产业，规模庞大，从业人员达4000多万人，建筑施工企业达70000多家，勘察设计企业接近15000家，支撑着我国每年超过15万亿的大规模建设；另一方面，建筑业又是高消耗、高排放的产业，消耗了全国45%的水泥，50%以上的钢材，建筑施工垃圾约占城市垃圾总量的30%～40%。建筑业的任何一点技术进步都会形成巨大的经济效益、环境效益和社会效益。如何充分利用新的技术资源改造传统的建筑业是一项十分急迫的任务。

很多人见证了CAD技术的提出、发展，到全行业的普及，也看到了CAD对建筑业技术进步的作用和贡献。CAD技术为传统的建筑业增添了新的活力，导致了工程设计的一场革命。但因传统的生产和管理方式，如设计中“抛过墙式”的专业协调方式、工程预算中“照图扒筋算量”的核算方式，以及设计、施工、运维相互割裂的行业管理方式等，造成了在建筑全生命期各阶段信息的大量丢失和重复工作。2007年美国的McGraw Hill发布了一个关于建筑业信息互用问题的研究报告“Interoperability in the Construction Industry”。该报告的统计资料显示数据互用性不足使项目成本平均增加3.1%。这对我国建筑业来说是一个十分可观的数字，因此迫切需要利用和发展高新技术来改造传统的建筑业。BIM技术就是应这样的需求而提出和发展的。

BIM的提出和发展对建筑业的科技进步产生了重大影响。应用BIM技术可望大幅度提高建筑工程的集成化程度，促进建筑业生产方式的转变，提高投资、设计、施工乃至整个工程生命期的质量和效率，提升科学决策和管理水平。在投资方面，有助于业主提升对整个项目的掌控能力和科学管理水平，提高效率，缩短工期，降低投资风险；在设计方面，可以支持绿色建筑设计，强化设计协调，减少因“错、缺、漏、碰”导致的设计变更，促进设计效率和设计质量的提升；在施工方面，支撑工业化建造和绿色施工，优化施工方案，促进工程项目实现精细化管理，提高工程质量，降低成本和安全风险；在运维方面，有助于提高资产管理和应急管理水平。

BIM 是一种应用于工程设计、建造与管理的数字化工具，支持项目各种信息的连续应用及实时应用，可以大大提高设计、施工乃至整个工程的质量和效率，显著降低成本。发达国家和地区为加速 BIM 的普及应用相继推出了各具特色的技术政策和措施。美国是 BIM 的发源地，BIM 研究与应用一直处于领先地位，2007 年发布的《美国国家 BIM 标准第一版第一部分》确定的目标是到 2020 年以 BIM 为核心的建筑业信息技术每年为美国节约 2000 亿美元（相当于美国 2008 年建筑业产值的 15%左右）；2011 年英国发布的《政府建筑业战略》为以 BIM 为核心的建筑业信息技术应用设定的目标是减少整体建筑业成本 10%～20%；2012 年澳大利亚发布的《国家 BIM 行动方案》指出在澳大利亚工程建设行业加快普及应用 BIM 可以提高 6%～9%的生产效率；韩国计划从 2016 年开始实现在全部公共设施项目使用 BIM；新加坡计划到 2015 年建筑工程 BIM 应用率达到 80%。

BIM 正在成为继 CAD 之后推动建设行业技术进步和管理创新的一项新技术，将是进一步提升企业核心竞争力的重要手段。BIM 的发展得到了我国政府和行业协会的高度重视，BIM 技术是住房和城乡建设部在建筑业“十二五”规划中重点推广的新技术之一，国家从“十五”、“十一五”到“十二五”在科技支撑计划中相继启动了 BIM 研究工作，科技部于 2013 年批准成立了“建筑信息模型（BIM）产业技术创新战略联盟”。上述工作对我国 BIM 技术研究和应用起到了良好的推动和引导作用。

10.2.1 综合效益分析

近年来随着 BIM 技术在实际项目中越来越多的应用，项目导入 BIM 技术可产生更多的实质效益。目前已经有许多运用 BIM 的工程案例，其中最被熟知的就是西雅图音乐馆、上海中心大厦（Shanghai Tower）、上海世博文化中心、世博上海馆、华盛顿 Nationals Park 新运动场、北京奥运鸟巢与水立方等工程。

BIM 是一项新兴技术，能在三维空间数字模型存放项目的相关信息，确保设施工程在全生命期内能有效地进行各项项目管理作业。根据美国斯坦福大学集成设施工程中心（Center for Integrated Facility Engineering，CIFE）在收集的 32 个案例基础上进行的分析，使用 BIM 技术的整体成效初步评估如下：

（1）减少变更设计达 40%；

（2）节省项目工期达 7%以上；

（3）检查管线碰撞冲突，节约成本约 10%；

（4）成本估算时间大幅减少 80%以上；

（5）成本估算准确性误差在 3%以内。

另外还有专家就某个企业做过专门的研究，结果发现由于 BIM 3D 作业初始投资成本较高，因此初次成果交付时 3D 作业比 2D 作业的成本节省仅达约 11%，但随设计作业次数的增加，3D 作业累积成本节省效益大幅增加。当进行第四次设计作业时累积成本效益比可达 49%。

综上所述，BIM 技术在国内越来越受到重视，已经有更多的企业开始把 BIM 技术引入到项目中，BIM 技术引入实际工程项目对节约成本、缩短工期都起到了重要的作用，而且效果非常明显。相信随着国家对 BIM 技术的大力扶持以及企业的积极应用，未来 BIM 将会为建筑行业提供更多、更大的帮助。

10.2.2 工程实例

中国中铁航空港建设集团北京机场分公司与上海鲁班软件有限公司在太原幼儿师范学校新校区工程的“大学生活动中心”子项目的施工中运用了 BIM 技术。

该大学生活动中心总建筑面积 18952.84m^2，地上 3 层，地下 0 层，主要建设内容由体育馆和剧场两大功能区组成。其中剧场区包含舞台、一个可容纳 1187 座的观众厅、观众休息厅、后台辅助用房及机房；体育馆包含一个多功能Ⅱ型的比赛场地和一个可容纳 2460 座（其中固定座席 1945 座，活动座席 390 座）的观众厅及卫生间、机房、库房等辅助房间。结构上通过防震缝将本子项目分为两个部分：体育馆（C1），檐口标高 21.400m，结构形式为钢筋混凝土框架结构；剧场（C2），檐口标高 22.500m，结构形式为钢筋混凝土框架-剪力墙结构。

施工单位在接到图纸后组织人员进行对图纸的消化，完成了整体 BIM 模型的建立工作，通过 BIM 模型与鲁班 BIM 系统，在整个施工阶段、各不同岗位、职能部门展开图纸问题检查、成本分析、质量安全等不同领域 BIM 作用。综合统计表明，本项目 BIM 应用综合效益分析表如表 10-2 所示。

在房屋建设中通过引进 BIM 技术可以避免在设计、施工中信息零碎化、孤立化，形成各管线的信息整合、交互共享平台，进行碰撞检查，空间管理、工序进度管理，改进和弥补设计施工中的某些不足。在该大学生活动中心项目中专业冲突十分普遍，极易因变更返工造成材料浪费以及进度损失，考虑到利用 BIM 系统实时跟进设计，可以第一时间反映并且解决问题，因此带来的进度效益和经济效益都十分惊人，项目实施人员将减少返工对项目效益的影响估计为 13%。

工程进度是施工项目管理重点的管理目标，同时也是 BIM 的工作对象，但是由于不易于量化测算，所以 BIM 对工程进度的影响作用暂且不做估算。难于测算主要表现在以下几个方面：

（1）影响的工程进度不一定在关键线路上。

（2）工程进度往往是多因素共同作用的结果。

（3）BIM 对工程进度的正面影响可能被偶然的因素彻底淹没直至产生负面影响。

基于以上几个方面的原因，本次定量测算 BIM 价值主要从可度量的点出发进行计算。为了测算的方便进行简单基数假设，例如普通人工 200 元/d，管理层一般计算 300/d（按照项目经理、技术总工、合约经理三个核心岗位平均工资计算），其他一般管理层按照 200 元/d，钢筋 0.35 万元/t，混凝土按照 380 元/m^3 计算。BIM 应用综合效益分析表如表 10-2 所示。

从表 10-2 不难看出，本项目 BIM 技术第一位解决的是成本管理、预结算这个施工单位的老大难问题，产生的经济效益非常明显并且较容易测算，所以实施团队和项目管理团队将本项目应用的权重放在第一位，比值占 85%左右。从表可见该大学生活动中心 BIM

BIM应用综合效益分析表 **表 10-2**

序号	BIM项目	人工		钢材		混凝土		工期		效益	合计	备注
		数量（工日）	金额（万元）	数量(t)	金额（万元）	数量(m^3)	金额（万元）	数量(d)	金额（万元）	金额（万元）	金额（万元）	
1	结算漏项	20.00	0.4	0.00	0.00	0.00	0.00	0.00	0.00	597.50	598.10	
2	减少返工	26.00	0.52	43.00	15.05	43.00	1.63	0.00	0.00	71.35	88.81	
3	决策辅助	15.00	0.3	0.00	0.00	0.00	0.00	0.00	0.00	0.00	0.45	
4	工作效率	60.00	1.2	0.00	0.00	0.00	0.00	0.00	0.00	0.00	1.80	
5	质量安全	180.00	3.6	0.00	0.00	0.00	0.00	0.00	0.00	0.00	5.40	
合计		301.00	6.02	43.00	15.05	43.00	1.63	0.00	0.00	668.85	691.55	

技术完成的经济效益价值可以达到691.55万元，投资回报率远大于预期收益率和社会平均投资回报率。以下是该大学生活动中心BIM项目经济效益分析明细：

1. 结算缺漏项

通过图形算量对比招标清单工程量和依据图纸建立的模型工程量，与项目工程经济部管理人员共同比较缺漏工程量和多算工程量，再结合分部分项工程的综合单价，按照项目大类汇总可以得到缺漏工程量和多算工程量汇总表，如表10-3所示。

缺漏工程量和多算工程量汇总表 **表 10-3**

序号	项目大类	缺漏项合价(元)	多算量合价(元)	合计(元)
1	混凝土、砌体	2830033.73	2073287.52	756746.21
2	钢筋	2731343.05	768919.32	1962423.73
3	楼地面、屋面	2433463.67	1627730.30	805733.37
4	内墙面、踢脚	913595.99	536009.19	377586.80
5	天棚、吊顶	141886.94	225793.12	−83906.18
6	外墙面	842710.39	86965.61	755744.78
7	幕墙、门窗	889376.00	834883.00	54493.00
8	模板、其他	1583865.98	237673.01	1346192.97
总计				5975014.68

通过表10-3可以预计，若由专职人员审核并分析结算缺漏项最少需20工日，按照鲁班BIM进行工程量结算可以多盈利597万余元。

2. 综合管线布置减少返工

通过应用BIM技术在项目实施前期即发现86个图纸问题，按照100个图纸问题节约30工日，共计节约26工日，平均一个图纸问题节约钢材0.5t，混凝土节约0.5m^3，管线综合排布调整前发现机电各专业及土建碰撞点2140处，调整后最终确定预留洞口85处，另有需设计变更6处，预计可为项目节省81.35万元。

3. 对技术方案的决策辅助

确定二次结构构造柱平面定位布置方案，确定高大支模位置查找辅助高大支模专项施工方案、钢筋钢结构施工模拟这几项工作如果按照原始工作模式大约需要20d完成，而采用 BIM 工作模式大约需要 5 个工日完成，节约 15 个工日，由此决策带来的其他效益暂未计入 BIM 经济效益。

在土建、安装应用 BIM 也产生了综合效益，特别是净高检查的应用，在考虑了机电管线排布之后传统方法几乎没有办法提前预知净高方面的问题，采用 BIM 辅助决策带来的经济效益暂未计入 BIM 经济效益。

4. 按施工段进行区域划分提高工作效率

通过 BIM 可以提高工程部工作的量化分析能力和数据支持力度，从而提高工作效率。不考虑新版图纸大变更，仅五次共 17 个结构设计变更、86 个图纸会审意见，通过模型维护和工程量数据对比分析，按照一份变更比传统模式节约 0.5d 的效率，大约节约人工 51 工日。

采用 BIM 技术可以多次分楼层、分施工段、分构件来编制数据报告与报表，仅基础层部分就先后多次按施工段提交了垫层、基础混凝土、基础钢筋、套筒、门窗表、装饰等的数据报告与报表，对基础层的挖土工作面宽度还分别按 300、400、500 来提供挖土方，按照一份报表节约人工 1 个工日计算，可节约 9 工日。

5. 施工过程中的质量安全控制

通过鲁班的 iBan 移动客户端可以发现现场质量安全问题，通过 BIM 移动办公模式让所有接触项目现场的领导及工程部管理人员都从事质量安全管理，每个人都能起到质量安全监督作用，相当于增加管理质量安全人员的数量，按照 10 个现场人员折算 1 个专职人员的计算模式相当于增加 2 个专职人员，若按 3 个月计算，相当于节省 180 个工日，由此带来综合管理效益不计入 BIM 直接应用成效。

事实上，上述计算效益都是在比较保守的计算模式下进行的，例如在项目结算缺漏项中计算经济效益时，外墙红色清水砖墙面综合单价仅按 150 元/m^2 计算，而按以往经验，清水砖墙综合单价通常达 350 元/m^2，仅此一项即可额外多获利 60 万元以上；而决策辅助带来的经济收益尤其是工期提前都未计算在 BIM 收益内；其次本项目并无钢筋专业的 BIM 应用，在其他类似大型项目上进行更加齐全的 BIM 应用，效益必然更加可观。

10.3 结语

BIM 应用可以提升施工项目管理的全过程协同效率，如果在项目伊始即采用 BIM 系统，可以利用基于 BIM 技术的算量软件系统加快招投标的组织工作，同时提升招标工程量清单的质量；施工例会时传统依靠人脑猜想三维关系的工程探讨容易造成理解错误，而通过 BIM 软件系统进行探讨可以在避免理解错误的同时减少协同的时间投入，节约“开会成本”提升项目决策效率；工程中利用 BIM 系统随时随地准确获取数据，可以在大大缩小生产计划、采购计划的同时，避免急需材料、设备不能按时进场，造成窝工；依据安装管线综合模型以及方案来安排安装各专业施工队伍依次进场施工，做到现场有序施工的同时还能减轻项目生活区农民工住宿紧张的问题；如若业主方也利用 BIM 技术的数据能力，还能快速校核反馈项目的付款申请单，可以大大地加快付款速度等等。在 BIM 实施期间对 BIM 技术的学习理解和对新型建筑施工技术的追求定会提高企业运营的效率，加快资金周转速度，提升企业未来的核心竞争力。

思考题：

1. 施工管理过程主要划分有哪几个阶段？各阶段主要工作内容有哪些？
2. BIM 技术在施工生产阶段效益主要体现在哪几方面？
3. BIM 技术在竣工交付阶段效益主要体现在哪几方面？
4. BIM 技术整体成效主要体现在哪几个方面？

参考文献

[1] 中建《建筑工程施工 BIM 应用指南》编委会. 建筑工程施工 BIM 应用指南 [M]. 北京：中国建筑工业出版社，2014.

[2] 吕新伟，李建东，刘锦涛. BIM 技术应用综合效益分析 [J]. 山西建筑，2015，33 (41)：244-245.

第 11 章　BIM 在施工管理应用中的问题与展望

本章学习要点：

掌握 BIM 在施工管理应用中的影响因素及其应对方案，了解 BIM 在施工管理应用中的发展趋势。

11.1　BIM 在施工管理应用中的问题及其应对方案

11.1.1　BIM 在施工管理应用中的影响因素

建筑信息模型给建筑行业带来了深刻的影响。BIM 极大地改进了建设项目利益相关者之间的协调性，提高了生产率，增加了收益。但是仍然存在一些问题限制了 BIM 在建设行业的应用，这些影响 BIM 应用的问题可以被分为五类限制因素，这五类限制因素又可以被进一步分为 22 个子因素，如图 11-1 所示。下面具体介绍一下这五类限制因素。

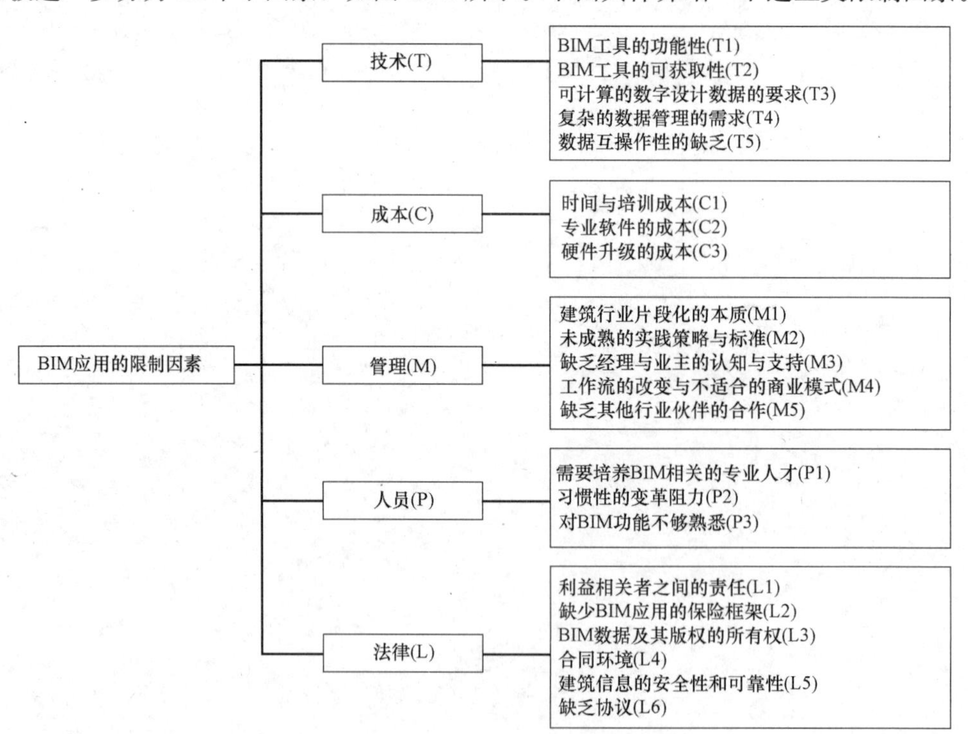

图 11-1　BIM 应用的限制因素

1. 技术因素

技术因素是指与 BIM 工具相关的限制 BIM 应用的因素，包括 BIM 工具的功能性、

BIM 工具的可获取性、可计算的数字设计数据的要求、复杂的数据管理的需求、数据互操作性的缺乏等。基于 BIM 的软件的功能有限性是限制 BIM 应用的主要因素。例如，在可扩展性、交互性、支持远程协作、对现浇钢筋混凝土产品建模等方面的不足是主流 BIM 应用的最大限制。在项目各阶段（如设计、施工或运营）参与者使用的计算机软件的多样性可以引起参与者之间的片段化，从而导致交互性问题。虽然软件用户想改进交互性，并且已经开发了例如 STEP 和 IFC 等几个国际标准来解决交互性问题，但这些标准还存在一些缺点。

2. 成本因素

成本因素是指在 BIM 应用过程中与金钱相关的限制因素，包括时间与培训成本、专业软件的成本、硬件升级的成本等。

3. 管理因素

管理因素是指与过程及组织相关的限制因素，包括建筑行业片段化的本质、未成熟的实践策略与标准、缺乏经理与业主的认知与支持、工作流的改变与不适合的商业模式、缺乏其他行业伙伴的合作等。BIM 打破了公司之间传统的边界，使项目数据能够在一个更协作的环境中共享。这意味着参与者必须在项目团队中重新分配角色并且按照 BIM 应用的需求改变他们公司的工作流。从文件管理、客户计费、交付物到协调会议的每一件事情的变化都是多种多样的并且复杂的，组织需要时间来适应这些变化。片段化一直是影响建筑行业生产率与效率的一个非常重要的负面因素，每一个项目都是唯一的且不可重复的，这使得很多建筑行业的参与者对使用 BIM 工具犹豫不决。

4. 人员因素

人员因素是指与专业人员相关的限制因素，包括需要培养 BIM 相关的专业人才、习惯性的变革阻力、对 BIM 功能不够熟悉等。缺少有经验的、熟悉 BIM 的且具有使用 BIM 经验的人员是另一个突出的限制因素。培训和教育大量的专业人员是 BIM 得到更广泛、更好的应用的必要条件。

5. 法律因素

法律因素是指合同或监管环境不成熟所引起的限制因素，包括利益相关者之间的责任、缺少 BIM 应用的保险框架、BIM 数据及其版权的所有权、合同环境、建筑信息的安全性和可靠性、缺乏协议等。通常由不完善的软件所引起的法律与保险后果能够导致法律诉讼。建筑信息模型通常由使用不同软件程序的不同专业人员所产生并且被不同的参与者所使用。如果对建筑信息模型的不正确使用引起了重大损失，索赔会由于模糊不清的责任问题而变得非常复杂。另外，建筑信息模型中的信息安全与访问管理、数据的所有权与保护、保险、协议等问题也必须得到解决。

11.1.2 BIM 在施工管理应用中问题的应对方案

针对上述影响 BIM 应用的五类限制因素提出如下应对方案：

1. 技术因素

针对技术限制因素，研究者与 BIM 工具的提供者应该加快成熟的数据交换标准的开发，并且致力于在使用不同 BIM 工具的参与者之间产生无缝的交互性。IFC 被认为是取得交互性的最佳解决方案，但是 IDM（数据交付手册）、MVD（模型视图定义）与 IFD

（国际字典框架）等其他标准与方法也在实现BIM交互性方面发挥重要的作用。BIM工具的提供者应该使他们的产品更兼容、更用户友好并且更可交互。

2. 成本因素

成本不应该成为BIM实施的主要阻碍，因为用于员工培训、软件与硬件方面的成本可以被BIM带来的长期极大收益所补偿。另外，由于BIM是建筑行业的未来发展趋势，所以BIM用户应该尽快采用BIM，不采用BIM的公司很可能将被淘汰。

3. 管理因素

首先，必须改变工作流以适应新的技术，由于工作流改变所带来的问题应该被积极地对待。其次，研究者应该更深入地研究BIM如何能够被用于建设项目的成本管理、进度管理与安全管理等等方面，并且开发BIM的相关导则、标准或战略。第三，建设管理应该尽可能地采用IPD（集成项目交付），因为IPD可以减少建筑业的片段化问题，是一个比传统的设计－招标－建设交付方法更好的建设项目交付方法，把BIM与IPD结合起来会带来很多益处。最后，因为建设项目最终的目标是满足业主的需求，因此业主的积极性是影响BIM应用的最重要的因素。

4. 人员因素

建筑行业的利益相关者和大学应该提供更多的BIM课程，这样学生在参加工作前就可以熟悉BIM。为了扩展BIM在建筑行业的应用，更多的培训是必需的，因为有研究表明当用户开发更高层次的专业知识时，他们能够从BIM应用中得到更多的积极成果。

5. 法律因素

在行业管理的宏观层面，需要政府、行业协会与企业共同努力来发布BIM应用方面更好的法律、法规与合同体系，特别是政府应该在整个行业推进BIM的应用。

11.2 BIM在施工管理应用中的展望

建筑业信息化是建筑业发展战略的重要组成部分，也是建筑业转变发展方式、提质增效、节能减排的必然要求，对建筑业绿色发展、提高人民生活品质具有重要意义。中华人民共和国住房和城乡建设部发布的《2016-2020年建筑业信息化发展纲要》提出了如下的发展目标："十三五"时期，全面提高建筑业信息化水平，着力增强BIM、大数据、智能化、移动通信、云计算、物联网等信息技术集成应用能力，建筑业数字化、网络化、智能化取得突破性进展，初步建成一体化行业监管和服务平台，数据资源利用水平和信息服务能力明显提升，形成一批具有较强信息技术创新能力和信息化应用达到国际先进水平的建筑企业及具有关键自主知识产权的建筑业信息技术企业。因此BIM在施工管理中的应用必将得到进一步的加强，从总体上看，BIM在施工管理中的应用有如下发展趋势：

1. 进一步提高BIM的应用水平

施工企业应该普及项目管理信息系统，开展施工阶段的BIM基础应用。有条件的施工企业应该研究BIM应用条件下的施工管理模式和协同工作机制，建立基于BIM的项目管理信息系统。

2. 加强BIM与多种信息技术的集成应用

施工企业应该积极推进BIM与大数据、智能化、物联网、移动通信、云计算等技术的集成应用，建立施工现场管理信息系统，创新施工管理模式和手段，提高工程质量管理、安全管理、能源管理与绿色施工水平。建立完善工程项目质量管理信息系统，对工程实体质量信息进行采集，保障数据可追溯，提高工程质量管理水平。建立完善建筑施工安全管理信息系统，对工程现场人员、机械设备、临时设施等安全信息进行采集和汇总分析，提高施工安全管理水平。探索建立环境、能耗分析的动态管理系统，实现对工程现场空气、粉尘、用水、用电等的实时监测。建立建筑垃圾综合管理信息系统，实现项目建筑垃圾的申报、识别、计量、跟踪、结算等数据的实时监控，提升绿色建造水平。

3. 推进 BIM 在重点工程中的应用

国家正在推动综合管廊、海绵城市、城市轨道交通工程、"一带一路"等重点工程的建设与发展，BIM 可以为此提供强有力的支撑。施工企业应该大力推进 BIM、GIS 等技术在综合管廊建设中的应用，建立综合管廊集成管理信息系统，逐步形成智能化城市综合管廊运营服务能力。在海绵城市建设中积极应用 BIM、虚拟现实等技术开展规划、设计，探索基于云计算、大数据等的运营管理，并示范应用。加快 BIM 技术在城市轨道交通工程设计、施工中的应用，推动各参建方共享多维建筑信息模型进行工程管理。在"一带一路"重点工程中应用 BIM 进行建设，探索云计算、大数据、GIS 等技术的应用。

4. 加强 BIM 在装配式建筑中的应用

施工企业需要进一步加强信息技术在装配式建筑中的应用，推进基于 BIM 的建筑工程设计、生产、运输、装配及全生命期管理，促进工业化建造。建立基于 BIM、物联网等技术的云服务平台，实现产业链各参与方之间在各阶段、各环节的协同工作，主动顺应建筑产业现代化的发展潮流。

5. 集成项目交付（Integrated Project Delivery，IPD）

美国建筑师协会（AIA）的标准化文件定义 IPD 为：将人员、系统、商业结构和实践集成在一个过程之中来协同利用所有参与方的才能与见解，从而可以在设计、制造与施工的所有阶段优化项目结果，为业主增加价值，减少浪费并且最大化效率的一种项目交付模式。项目的规模越大，利用 IPD 模式所节省的成本越多。因为 BIM 能够把设计、制造、安装说明和项目管理物流信息集成到一个数据库中，提供了一个贯穿项目的设计与施工的协作平台；另外，由于模型与数据库能够存在于建筑的整个生命期，业主可以在项目完工后采用 BIM 来实现空间规划、装修、监测长期的能源性能、维护与改造等管理目的，因此 BIM 是支持 IPD 最有力的工具之一。IPD 是一种新的项目交付模式，也是建设项目交付模式新的发展方向，正被国内外建设行业所推广和使用。施工企业应该加强对基于 BIM 的 IPD 模式的理解，学习国内外相关经验，为参与业主采用 IPD 模式的工程项目提前做好准备。

思考题：

1. BIM 在施工管理应用中的影响因素有哪些？
2. 针对 BIM 在施工管理应用中的影响因素，有哪些应对方案？
3. BIM 在施工管理中的应用有哪些发展趋势？

参 考 文 献

[1] Sun, C., S. Jiang, M. J. Skibniewski, Q. Man and L. Shen. A literature review of the factors lim-

iting the application of BIM in the construction industry [J]. Technological and Economic Development of Economy, 2017, 23 (5): 764-779.

[2] 中华人民共和国住房和城乡建设部. 2016—2020年建筑业信息化发展纲要. 2016.

[3] 马智亮，张东东，马健坤. 基于BIM的IPD协同工作模型与信息利用框架 [J]. 同济大学学报（自然科学版），2014，42（9）：1325-1332.